套筒灌浆连接装配式混凝土结构性能与灌浆质量检验

李俊华　陈平均　王维宸　孙　彬　著

中国建筑工业出版社

图书在版编目（CIP）数据

套筒灌浆连接装配式混凝土结构性能与灌浆质量检验 /
李俊华等著. -- 北京：中国建筑工业出版社，2024.
12. -- ISBN 978-7-112-30432-5

Ⅰ. TU37

中国国家版本馆 CIP 数据核字第 20248NL353 号

本书内容基于作者团队多年对装配式混凝土结构中常见的套筒灌浆连接以及采用这种连接方式
的装配式混凝土柱和剪力墙常温下和火灾后受力性能、连接质量检验技术等问题的研究成果。全书
共分 6 章，第 1 章绪论，第 2 章钢筋套筒灌浆连接用灌浆料力学性能，第 3 章钢筋套筒灌浆连接力
学性能，第 4 章套筒灌浆连接装配式混凝土柱受力性能，第 5 章套筒灌浆连接装配式混凝土剪力墙
受力性能，第 6 章套筒灌浆连接装配式混凝土结构灌浆质量检验。本书内容全面，翔实，具有较强
的指导性，可供科研与工程技术人员了解、学习和掌握套筒灌浆连接装配式混凝土结构，也可供高
等院校师生参考使用。

书中未注明单位的，长度单位为"mm"，标高单位为"m"。

责任编辑：季　帆　王砾瑶
责任校对：赵　力

套筒灌浆连接装配式混凝土结构性能与灌浆质量检验

李俊华　陈平均　王维宸　孙　彬　著
＊
中国建筑工业出版社出版、发行（北京海淀三里河路 9 号）
各地新华书店、建筑书店经销
北京建筑工业印刷有限公司制版
北京中科印刷有限公司印刷
＊
开本：787 毫米×1092 毫米　1/16　印张：16　字数：310 千字
2024 年 12 月第一版　　2024 年 12 月第一次印刷
定价：**78.00** 元
ISBN 978-7-112-30432-5
　　（43775）

前　言

近年来，国家大力推进建筑工业化，不断提升装配式建筑在新建建筑中的比例，以降低能耗，实现建筑业转型发展的战略需求。装配式混凝土结构与传统现浇混凝土结构最大的不同在于构件拼接节点处纵向受力钢筋的连接，套筒灌浆连接是目前装配式混凝土结构中受力钢筋主要连接方式之一，通过在金属套筒中插入单根带肋钢筋并注入灌浆料拌合物，待拌合物硬化后实现钢筋有效传力，具有施工快捷、受力简单、附加应力小、适用范围广、易吸收施工误差等优点，在装配整体式混凝土框架、剪力墙结构中广泛运用。

采用套筒灌浆连接的装配式构件，同一个截面钢筋接头数占钢筋总数的比例达100%，如果施工质量不过关，钢筋连接将达不到设计预期性能，给结构安全带来严重隐患。对于套筒灌浆连接形式，目前工程应用存在的施工质量问题包括三个方面，灌浆饱满度、灌浆料强度以及钢筋埋置深度。其中，灌浆饱满度和钢筋埋置深度都是为了确保钢筋的有效锚固长度，《钢筋套筒灌浆连接应用技术规程》JGJ 355—2015要求钢筋锚固深度不宜小于插入钢筋公称直径的8倍。在实际工程中，一方面，因灌浆通道不畅、漏浆等原因造成套筒灌浆不饱满，钢筋有效锚固长度达不到设计要求时有存在；另一方面，市场灌浆料品种多、质量参差不齐，现场施工队伍素质不一，部分施工人员对施工精度控制（如浆料水量控制）不严，容易造成灌浆料强度达不到设计要求，影响工程质量。因此，严格的套筒灌浆过程控制及合理的套筒灌浆质量检测方法，对保证套筒灌浆连接装配式混凝土结构的安全至关重要。

建筑结构在役期间面临火灾风险。对于钢筋混凝土结构而言，由于混凝土的热惰性以及防火技术进步和消防救灾能力提升，其在火灾中直接倒塌的概率并不大。但火灾造成混凝土和钢材力学性能降低，影响构件的受力行为和结构的冗余度及功能可恢复性。研究火灾后结构构件的性能退化规律，不仅是灾后鉴定加固的基础，也是工程结构防火韧性和灾害作用下全寿命可靠性设计的重要依据。目前国内外对火灾后普通现浇钢筋混凝土构件受力性能的研究较多，火灾后承载力和抗震性能的评估方法基本建立。但是对于火灾后装配式混凝土构件受力性能的报道还不多见。随着套筒灌浆连接装配式混凝土结构在工程中应用越来越多，其遭受火灾的情况必将会陆续出现，火灾后的损伤评估问题亟待解决。

自 2016 年以来，本书作者团队结合试验研究和数值模拟分析，对套筒灌浆连接以及采用这种连接方式的装配式钢筋混凝土柱、装配式钢筋剪力墙常温下和火灾后受力性能以及连接质量检测技术进行了深入研究，提出了基于"小芯样"的灌浆料实体强度检测技术和基于压电阻抗效应的灌浆饱满度识别方法，建立了火灾后套筒灌浆连接装配式混凝土柱和剪力墙承载力计算方法，可为火灾后套筒灌浆连接装配式混凝土结构的性能评估提供依据。全书共分 6 章，第 1 章绪论，第 2 章钢筋套筒灌浆连接用灌浆料力学性能，第 3 章钢筋套筒灌浆连接力学性能，第 4 章套筒灌浆连接装配式混凝土柱受力性能，第 5 章套筒灌浆连接装配式混凝土剪力墙受力性能，第 6 章套筒灌浆连接装配式混凝土结构灌浆质量检验。

本书由李俊华统稿，参与本书撰写工作的有：李俊华（第 1、3、5、6 章），陈平均（第 2、5 章），王维宸（第 3、4 章），孙彬（第 1、6 章）。研究工作得到国家重点研发计划课题（2016YFC0701804）、浙江省自然科学基金重点项目（LZ22E080002）、福建省自然科学基金面上项目（2021J01541）、宁波市自然科学基金重点项目（2022J068）的支持，在此表示感谢！

本书研究工作是在作者课题组的硕士、博士研究生共同努力下完成的，在此向熊杨、陈文龙、何思聪、郭菲、陈佳威、郑家豪的辛勤付出和鼎力支持致以诚挚谢意！

鉴于作者学识和水平有限，书中不妥在所难免，作者怀着感恩的心恳请读者批评指正。

目　录

第 1 章

绪 论

1.1 背 景

随着我国城市化和城镇化的加速，建筑业在建造技术和建设规模方面取得了显著成果。然而，传统建筑业仍面临高能耗、严重污染、劳动密集和技术落后等问题，与可持续发展理念相悖。过去二十年，我国通过调整产业结构，推行建筑工业化，推广装配式建筑和绿色节能建筑，促进了建筑行业的转型升级。

装配式建筑是指把传统建造方式中的大量现场作业工作转移到工厂进行，在工厂加工制作好建筑用构件和配件（如楼板、墙板、楼梯、阳台等），运输到建筑施工现场，通过可靠的连接方式在现场装配安装而成的建筑。我国自 2015 年起，密集出台装配式建筑规划，多地随之发布相关指导意见和行动方案，并陆续推出激励政策支持行业发展。2020 年 8 月 28 日，住房和城乡建设部等九部门联合印发《关于加快新型建筑工业化发展的若干意见》，该意见强调大力发展钢结构建筑，并推广装配式混凝土结构建筑。2022 年 1 月 19 日，《住房和城乡建设部关于印发"十四五"建筑业发展规划的通知》（建市〔2022〕11 号）中指出，要大力构建装配式建筑标准化设计和生产体系，扩大标准化构件和部品部件使用规模。目前，装配式建筑在新建建筑中的比例越来越高，图 1-1 为我国装配式建筑案例。

（a）敦煌文博会主场馆　　　　　　（b）世界妈祖文化论坛永久会址

图 1-1 装配式建筑案例

装配式建筑采用构配件工厂预制、现场装配的方式形成整体结构。这一技术与现浇混凝土结构相比，具有材料性能稳定、产品质量高、施工周期短、环境污染小、自然资源和劳动力资源消耗低等显著优势。此外，随着我国人口红利逐渐消失，一方面，劳动力供求关系发生了改变，以技师、技工为代表的中高级劳动力供给不足的局面仍将持续，并且一般素质的劳动力也将出现供给不足的情况；另一方面，劳动力成本将持续上升，原来依靠廉价劳动力或者劳动密集型的建筑行业将面临劳动力成本上升或劳动力短缺的状况。这也促使许多企业更为急切地寻求更高效率、更集约的工业化建造生产方式，这为适应建造工业化的装配式混凝土结构的发展提供了良好契机。

从国家政策激励、行业发展导向及国家建设现实需求的综合因素来看，充分利用预制混凝土技术的装配式建筑结构不仅符合我国可持续发展战略，还能有效推动产业结构的调整与升级，提升行业技术水平，并快速提高从业人员的素质，因此受到了业内广泛关注和集中发展。

装配式建筑主要包括装配式混凝土结构建筑、装配式钢结构建筑和装配式木结构建筑。根据住房和城乡建设部发布的全国装配式建筑发展情况的通报，目前新开工的装配式混凝土结构建筑占新开工装配式建筑的60%以上。图1-2展示了我国部分装配式混凝土结构建筑项目。

（a）深圳中海天钻

（b）安徽磨店家园

（c）上海华纺和城

（d）湖北名流世家

图1-2 装配式混凝土结构建筑项目

1.2 国内外装配式建筑发展历程

1875年，英国人Lascell申请了发明专利——"Improvement in the Construction of

Buildings"，该专利主要涉及墙板、楼板和窗框架预制技术，标志着装配式混凝土结构的起源。在 1878 年巴黎世博会上，Lascell 向世人展示了第一座装配式混凝土别墅，首次将预制墙板和楼板运用到住宅当中。

第二次世界大战后，欧洲装配式建筑获得了革命性发展。在德国等西方国家面临住房重建需求和劳动力短缺的背景下，装配式建筑被广泛应用。战后欧洲采用的大板式建筑体系虽成本低、工期短，但结构笨重、美观度低，质量问题频发，后被模块化建筑所取代。模块化建筑采用钢结构或木结构骨架，将各功能间如客厅、卧室、卫生间等预制成模块，运至工地后通过预埋件拼接，如欧洲银行下属幼儿园便是典型案例，仅用 17d 即完成搭建，其低碳、经济且美观。目前，德国装配式建筑大多用于轻型小住宅（独栋或双拼式住宅），这种住宅形式主打住户个性化体验，顾客可以直接与设计师交流并提出房屋设计需求，定制房屋的面积造型、主体结构材料、墙体材料等，最后进行房屋的整体装配。

美国装配式住宅起源于 20 世纪 30 年代的汽车房屋。早期，人们将房车作为住所，这启发了厂家生产可被大型汽车拉动到指定地点安装的工业化住宅。尽管这种住宅形式初期因形象问题而遭到抵触。但到 1976 年，美国国会通过的国家工业化住宅建造及安全法案为该行业设立了标准，同时使装配式住宅质量、美观以及适用性得到了重视。如今，美国每 16 人中就有 1 人居住在装配式住宅中。

日本装配式建筑起源于 20 世纪 50 年代的战后重建时期，旨在快速、低成本地满足居住需求。80 年代，随着日本经济高速发展，高品质装配式建筑开始兴起。90 年代经济泡沫破裂后，政府为提高节能节材标准，进一步推动了装配式建筑的发展。近年来，日本推出的装配式建筑具有可调整的内部结构，部件化程度高，生产效率显著提升。这些建筑形成了一套完整的工业化体系，朝着高附加值、可持续化方向发展。

经过半个多世纪的发展，美国、日本和欧洲的发达国家的装配式混凝土建筑技术已相当成熟，形成了丰富的理论成果。1971 年，美国预制与预应力混凝土协会编制了第一版《PCI 预制预应力混凝土设计手册》，到目前为止，该手册已经编制到第七版，详细总结了预制混凝土建筑的理论成果、设计要求和施工经验。1980 年欧洲共同体委员会编制了第一代欧洲规范，后来欧共体将欧洲规范后续工作转交给欧洲标准委员会形成了"EN 1990～EN 1999"正式版规范，其中涉及大量预制混凝土结构的设计标准和预制构件质量控制相关的标准，如《预制混凝土构件质量统一标准》EN 13369 等。日本建筑学会 AIJ 也制定了多部装配式结构相关技术标准，包括 1982 年的《壁式预制钢筋混凝土建筑设计标准及解说》和 1986 年的《预制钢筋混凝土结构的设计与施工》等 10 多部标准，涉及结构、构件、连接节点等设计内容，形成了非常完善的标准体系。

我国的装配式混凝土建筑发展晚于发达国家，大致可以分为四个阶段：第一阶段是 20 世纪 50～60 年代，我国初步开始发展装配式混凝土建筑。当时我国处于新中国成立初期，建筑行业百废待兴，需要大规模进行基础建设。受苏联模式影响，国务院开始提出发展建筑工业化的思想。这一阶段我国装配式建筑主要以小型黏土砖砌成的墙体承重，而楼板多采用预制空心楼板的建造形式。

第二阶段是 20 世纪 70～80 年代快速发展阶段，特别是进入 80 年代中期，我国装配式建筑发展达到高潮。国内预制构件厂星罗棋布，建筑部件品类繁多，包括预制空心楼板、预制混凝土梁、预制大板和预制厂房屋架及牛腿柱等。这一时期不但从国外引进先进的预制技术和机器，还自主设计研发新的预制构件生产工艺。

第三阶段是 20 世纪 90 年代至 21 世纪初的发展低迷阶段。一方面由于当时生产技术和施工技术比较落后，装配式建筑整体性能比较差，经常出现渗漏、开裂的问题，加上频繁的地震灾害使人们对装配式建筑抗震性能产生不良印象，导致装配式建筑发展停滞；另一方面随着混凝土泵送技术的发展和商品混凝土的广泛应用，我国城市建筑不断向高层、超高层方向发展，装配式混凝土建筑逐渐被现浇式混凝土建筑取代。

第四阶段是 2005 年至今的重新崛起阶段。随着政府保障性住房需求量不断增加和社会节能减排的需求，我国建筑产业开始转型升级，装配式混凝土建筑迎来了新的发展契机。2011～2015 年，住房和城乡建设部发布多个文件推动我国建筑工业化发展，装配式建筑的一整套产业逐渐形成。2016 年 9 月国务院办公厅印发了《关于大力发展装配式建筑的指导意见》，其中要求 10 年左右使装配式建筑占新建筑面积的比例可以达到 30%。2017 年 3 月住房和城乡建设部制定了《"十三五"装配式建筑行动方案》，明确提出全国装配式建筑占新建建筑的比例到 2020 年达到 15% 以上。2017年 4 月，住房和城乡建设部印发《建筑业发展"十三五"规划》，推动我国装配式混凝土、钢结构和木结构体系的发展，鼓励企业探索可持续发展模式。随着政府重视装配式建筑的发展，各个地方已经不断出现装配式建筑，形成了比较完善的设计施工规范和质量标准，装配式建筑的应用取得了很大进展。

1.3　装配式混凝土结构套筒灌浆连接

装配式混凝土结构建筑中预制构件之间需要有效的连接，使其满足建筑设计要求的强度、刚度和延性。根据施工工艺的不同，可将构件之间的连接方式分为"干连接"和"湿连接"。常见的"干连接"主要为螺栓连接和焊接连接;"湿连接"主要包括混凝土结合面连接、套筒灌浆连接和浆锚搭接,如图1-3所示。套筒灌浆连接是目前装配式混凝土结构中受力钢筋的主要连接方式之一,通过在金属套筒中插入单根带肋钢筋并注入灌浆料拌合物,待拌合物硬化后实现钢筋有效传力,具有施工快捷、受力简单、附加应力小、适用范围广、易吸收施工误差等优点,在装配整体式混凝土框架、剪力墙结构中广泛应用。研究表明,施工得当的套筒灌浆连接装配式混凝土结构性能可与现浇结构相当。

（a）梁柱节点结合面连接

（c）套筒灌浆连接示意与施工

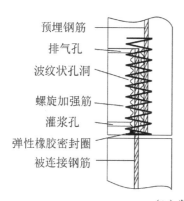

（b）浆锚搭接示意与预留孔洞

图1-3　节点连接方式

1.3.1　套筒灌浆连接工艺

套筒按构造形式的不同可以分为全套筒灌浆（图1-4a）和半套筒灌浆（图1-4b）两大类。全套筒灌浆采用两端灌浆的方式连接钢筋,半套筒灌浆则在预制构件端采用直螺纹的方式连接钢筋,现场装配端采用灌浆的方式连接。

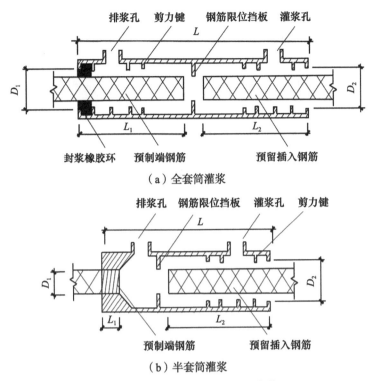

（a）全套筒灌浆

（b）半套筒灌浆

图 1-4 全套筒灌浆与半套筒灌浆

套筒灌浆在施工过程中要严格参照技术规范及施工工艺并编制专项施工方案，在施工前检查好套筒与钢筋位置。施工过程见图 1-5，具体施工流程可分为 4 步。

（1）构件吊装及钢筋插入套筒。参照《装配式混凝土建筑技术标准》GB/T 51231—2016，预制构件在安装前应检查连接界面所使用钢筋的规格、长度、位置及表面情况，以及连接套筒腔体与浆孔的规格和位置。确保钢筋与套筒中心线对位偏差小于3mm。同时，检查连接钢筋是否存在倾斜、弯折，确保连接部位表面无异物和积水。吊装时，确保预制构件连接区域对位精准，钢筋插入深度符合标准。吊装完成后，用水平激光仪和卷尺调整构件的标高和垂直度，并用斜撑固定构件。

（2）拌制灌浆料。选择质量合格的灌浆料，严禁使用已过保质期的灌浆料。进场前检查灌浆料的出厂合格证、检查报告和说明书是否齐全。灌浆料使用前应进行质量复检，检查其初始流动度、抗压强度、竖向膨胀率和泌水率等指标是否符合《钢筋连接用套筒灌浆料》JG/T 408—2019 的要求。按照规定的水料比使用专用搅拌机搅拌约 5min，之后让灌浆料静置 2min 以排出气泡。

（3）灌浆。使用电动灌浆泵采用压力灌浆法进行灌浆。在灌浆时调整灌浆枪压力控制注浆速度，保证注浆均匀。预制柱和墙从下方进浆孔灌入，通过压力向上流入腔体，最后流出排浆孔；预制梁从一端套筒灌入，直至浆料从另一端出浆孔流出。当出浆孔或进浆孔开始溢出浆料时，应立即拔出灌浆枪并使用橡胶塞封堵。

（a）吊装

（b）拌制灌浆料

（c）灌浆

（d）查漏补浆

图 1-5 套筒灌浆施工流程

（4）灌浆后处理。灌浆后严格检查进/出浆孔，确保灌浆饱满，定期检查是否有回流现象，并及时查漏补浆。查漏补浆在灌浆料凝固前，每 5min 观察一次。灌浆料凝固后拔出橡胶塞，检查孔内灌浆料是否回落，是否形成空腔。灌浆完成后 24h 内，应使用专用机具固定保护预制构件和灌浆接头，避免因振动或冲击而影响结构整体安全。

1.3.2 套筒灌浆连接施工质量常见问题与检测方法

套筒灌浆施工常因操作不当导致出现质量问题，影响装配式混凝土结构的使用寿命。常见质量问题包括灌浆料不饱满、钢筋锚固深度不足、钢筋偏心以及灌浆料强度不足等。

（1）钢筋连接质量问题

预制构件的连接钢筋一般裸露在外，在构件运输和拆模时极有可能发生碰撞导致连接钢筋弯折和错位，从而影响构件吊装；在吊装对位时，由于钢筋偏位严重，工人强行弯折钢筋或者割掉弯折部分，导致钢筋插入套筒深度不足；连接钢筋的预留长度不符合设计规范，导致接头锚固钢筋长度不足，影响连接件受力性能；裸露的连接钢筋未做保养，锈蚀严重，导致接入套筒接缝面积小，达不到受力要求；灌浆后构件未做保护，导致浆料凝固前接头部位移动，钢筋位置偏移，详见图1-6。

 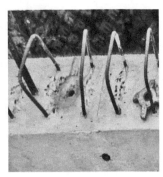 

（a）钢筋错位　　　　　　　（b）钢筋弯折　　　　　　（c）钢筋锚固长度不足

图1-6　钢筋连接质量问题

（2）灌浆料强度不足

建筑市场中灌浆原材料质量和价格差异较大。为节省成本，部分施工方选用劣质或过期灌浆料，甚至使用不合规材料，直接影响灌浆料强度。此外，现场灌浆料拌制需严格控制配比，但由于施工人员素质不一，常未能严格执行标准，导致浆料性能不稳定，强度不达标。

（3）灌浆料不饱满

套筒灌浆作为隐蔽工程，常因现场管理不善而出现问题。施工人员未按标准操作，导致灌浆料饱满度不足。常见原因包括：套筒内杂物未清理造成灌浆堵塞；漏浆、爆浆现象未及时处理；搅拌时排气不充分，导致套筒内有空腔；灌浆后，气泡排出致使浆料回落；腔体密封不牢，浆料压力过大引起漏浆。这些问题的具体情况详见图1-7。

对于检测对象强度和缺陷等的检测方法可以分为有损检测和无损检测。有损检测对检测对象有破坏性，检测后需要对破损部位进行修补。无损检测采用声、光和磁等波动特性，在不影响其检测对象的使用条件下，可以检测检测对象是否存在缺陷。现有装配式建筑套筒灌浆饱满度的检测主要分为三类：

（a）灌浆通道堵塞　　　　（b）漏浆、爆浆现象

（c）出浆孔浆料不饱满　　　　（d）浆料回落

图 1-7　灌浆料不饱满质量问题

（1）预埋检测法。主要包括预埋传感器、预埋钢丝拉拔法等。

（2）破损检测法。主要包括钻芯法。

（3）无损检测法。主要包括超声法、冲击回波法、工业 CT 法、便携式 CT 法、超声 CT 法探底雷达法等。

众多学者对套筒灌浆密实度检测方法进行了研究。但是每种检测方法都有其优缺点，详细比较见表 1-1。

套筒灌浆密实度检测方法　　　　表 1-1

密实度检测方法	优点	缺点
预埋钢丝拉拔法	简单、经济	施工条件要求高，适用性和可靠性差
超声法	简单、实用	对于较大缺陷只能定性无法定量，且在工况复杂的条件下较难使用
冲击回波法	快捷、高效	对部分缺陷可以定性但无法定量，对于双排布置的套筒灌浆无法进行定性和定量检测

密实度检测方法	优点	缺点
工业 CT 法	直观、可靠、有效	设备笨重，施工现场使用较难
便携式 CT 法	便捷、直观，用于较薄的剪力墙套筒灌浆检测	对较厚的构件和钢筋布置复杂的构件适用性较差
超声 CT 法	直观、有效	远离测试面套筒的灌浆饱满度检测效果明显，而对于靠近测试面的套筒，其灌浆前后对比效果并不显著

1.4 火灾对套筒灌浆连接装配式混凝土结构的影响

装配式混凝土建筑结构在役期间面临火灾风险。现有研究表明，常温单调拉伸作用下，没有灌浆缺陷的套筒连接性能可靠，连接件的强度和变形能力与被连接钢筋相近。但在火灾等高温作用下，套筒灌浆连接在单调拉伸以及反复拉压作用下均表现出了不同程度的强度退化，且温度达到一定程度后易发生钢筋和灌浆料之间的粘结失效，从而无法满足等同单根钢筋的设计要求。因此火灾后采用套筒灌浆连接装配式混凝土结构的性能应受重视。

本书作者对火灾后采用套筒灌浆连接装配式混凝土柱和剪力墙的受力性能进行了试验研究和数值模拟分析。结果显示经历火灾作用后，预制装配式试件的承载力比现浇试件下降更快。随着受火时间的延长，现浇试件的塑性铰集中在试件底部，而预制试件的塑性铰上移至套筒上方，破坏模式发生改变。

1.5 本书的主要内容

本书主要介绍作者团队针对套筒灌浆连接装配式混凝土结构常温下和火灾后的受力性能以及连接质量检测技术所做的研究工作，主要包括以下几个方面的内容：

（1）灌浆料力学性能。通过试验，研究龄期、加载速率、水料比（水与材料的质量比值）、养护条件、尺寸和形状对灌浆料强度的影响，同时研究火灾高温以及高温后灌浆料的性能退化规律。

（2）钢筋套筒灌浆连接力学性能。通过试验，研究常温、火灾高温及高温后钢筋套筒灌浆连接力学性能，探索加载方式、应力状态、温度条件等参数对连接件强度和变形能力的影响。

（3）套筒灌浆连接装配式混凝土柱受力性能。进行常温下及火灾后套筒灌浆连接装配式混凝土柱低周反复加载试验，结合数值分析模型，研究套筒灌浆连接装配式混凝土柱的抗震性能与评估方法。

（4）套筒灌浆连接装配式混凝土剪力墙受力性能。进行常温下及火灾后套筒灌浆连接装配式混凝土剪力墙低周反复加载试验，结合数值分析模型，研究套筒灌浆连接装配式混凝土剪力墙的抗震性能与评估方法。

（5）套筒灌浆连接装配式混凝土结构灌浆质量检验。研究基于钻芯法的灌浆料实体强度检测技术和基于压电阻抗效应的灌浆饱满度识别方法。

第 2 章

钢筋套筒灌浆连接用灌浆料力学性能

2.1　引　言

套筒灌浆料是由水泥、细骨料、膨胀剂、减水剂等构成的微膨胀高强水泥基材料。根据胶凝材料组成的不同，灌浆料可以分为以高性能硅酸盐类水泥、以硫铝酸盐类水泥或以硅酸盐水泥与硫铝酸盐水泥（或铝酸盐水泥）复合后的胶凝材料。灌浆料强度受多种因素影响，内部因素包括胶凝材料、矿物、外加剂等；外部因素包括龄期、养护温度和水料比，以及各类极端环境如火灾、冻融循环等。其中，火灾是自然界中发生频率最高的灾害之一，其产生的高温环境会严重影响灌浆料的力学性能。

本章首先研究龄期、加载速率、水料比（m_w/m_M）、养护条件、尺寸和形状等因素对灌浆料强度的影响，然后探索高温下与高温后灌浆料的性能劣化规律。

2.2　灌浆料强度影响因素

2.2.1　试验概况

1. 试件设计与制作

试验采用CGMJM-Ⅵ灌浆料，其主要技术参数见表2-1。设计参数主要包括龄期、加载速率、水料比（水与材料的质量比值）、养护条件、尺寸和形状等，具体试验参数设计见表2-2。

套筒灌浆料的技术参数　　　　　　　　　　　　　　　　　　　　表 2-1

项目	指标	龄期	设计强度指标
初始流动度	≥300mm	1d	≥35MPa
60min 流动度	≥260mm	3d	≥60MPa
24h 与 3h 的竖向膨胀率差值	0.02～0.5mm	28d	≥85MPa
泌水率	0%	设计强度	110MPa
氯离子含量	≤0.03%		

试验中，采用尺寸为40mm×40mm×160mm的标准试件研究龄期、加载速率、水料比和养护条件对灌浆料强度的影响；采用高径比1:1，边长分别为30mm、40mm和50mm以及直径分别为20mm、30mm、40mm和50mm的圆柱体试件研究试件尺寸和形状对灌浆料力学性能的影响，试件尺寸和形状如图2-1所示。为了提高

灌浆料试件表面平整度和减小尺寸误差对抗压强度的影响，试件统一采用金属模具制成，试件最终成型如图 2-2 所示。

试验参数设计   表 2-2

影响因素	试件类型	编号	尺寸（mm）	水料比（%）	龄期（d）	养护条件	加载速率（MPa/s）	数量（个）
龄期	标准试件	D	40×40×160	12	1	室内养护	1.5	6
					3			6
					7			6
					14			6
					21			6
								6
加载速率							0.5	6
							1	6
							1.5	6
							2	6
水料比和养护条件				12	28	标准养护		6
				14				6
				16				6
				18				6
				12		室内养护		6
				14				6
				16				6
				18				6
尺寸和形状	立方体	A2	20×20×20	12			1.5	12
		A3	30×30×30					12
		A4	40×40×40					12
		A5	50×50×50					12
	圆柱体	B2	20×20					12
		B3	30×30					12
		B4	40×40					12
		B5	50×50					12
	棱柱体	C2	20×20×40					12
		C3	30×30×60					12
		C4	40×40×80					12
		C5	50×50×100					12
	标准试件	D	40×40×160					12

形状＼编号	A2	A3	A4	A5
正方体	20×20×20	30×30×30	40×40×40	50×50×50
形状＼编号	B2	B3	B4	B5
圆柱体	20×20	30×30	40×40	50×50
形状＼编号	C2	C3	C4	C5
棱柱体	20×20×40	30×30×60	40×40×80	50×50×100

图 2-1　试件尺寸和形状　　　　　　　图 2-2　试件成型

2. 加载方案

在研究龄期、加载速率、水料比和养护条件的试验中，标准试件按照《水泥胶砂强度检验方法（ISO 法）》GB/T 17671—2021 中的要求进行抗折后测其抗压强度，抗折装置简图如图 2-3（c）所示。正方体和棱柱体的试件采用成型面加载，高径比 1∶1 的圆柱体的试件采用上下两个圆形端面进行加载。加载前，对加载端面进行人工磨平处理。为了避免加载速率对于灌浆料强度的影响，试验加载速率均采用 1.5MPa/s，试验加载装置如图 2-3 所示。

（a）200kN 万能材料试验机　　　　　　（b）600kN 万能材料试验机

图 2-3　试验加载装置

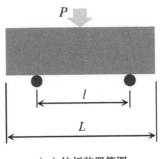

（c）抗折装置简图　　　　　　　（d）水泥胶砂夹具

图 2-3　试验加载装置（续）

2.2.2　试验结果及分析

1. 破坏形态

同一种形状试件的破坏过程和破坏形态相似。正方体试件在加载初期无明显裂纹，随着荷载增加，竖向裂纹出现并不断发展，当荷载达到峰值时，试件突然破坏并伴随能量的突然释放而发出崩裂的响声，破坏的形态为正反相接的四角锥体（图 2-4a）。圆柱体试件在加载初期出现垂直于两个加载面的细小裂纹，随着荷载的增加，裂纹逐渐贯穿两个加载面且形成较多较粗的竖向裂纹。当荷载接近峰值荷载时，试件外表面与内部发生剥离，最终破坏形态为两个正反的圆锥体破坏（图 2-4b）。棱柱体试件在加载初期，靠近试件两端的外表面出现裂纹，随着荷载的增加，不断有碎片从试件表面剥落，上下两端的裂纹逐渐形成贯穿的裂纹。当荷载接近峰值荷载时，试件出现脆性破坏且伴随能量的突然释放而发出崩裂的响声（图 2-4c）。标准试件的破坏形态（图 2-4d）与正方体的破坏形态相同。

（a）正方体破坏形态　　　　　　（b）圆柱体破坏形态

图 2-4　试件破坏形态

（c）棱柱体破坏形态　　　　　　　（d）标准试件破坏形态

图 2-4　试件破坏形态（续）

2. 破坏机理

混凝土抗压强度测试中存在两种不同的试件加载端面处理方式：一种是直接将试件放置于加载面上，另一种是在试件端面抹润滑油或者增加橡胶衬垫。

将试件直接放置于加载面上时，试件端部受到加载面摩擦力的"环箍作用"，其横向变形受到约束，加载过程中端部破坏程度较轻。在试件端面抹润滑油或者增加橡胶衬垫时，试件端部的横向变形受到的约束减小，"环箍作用"接近消失，其破坏形态与前者产生较大差异，从而导致第一种加载方式得到的强度值高于第二种加载方式得到的强度值。本次试验采用第一种加载方法，试件加载面未做处理。由于加载竖向力和加载端面横向力"环箍作用"的影响，中部处于无侧限状态，在横向作用力和竖向力共同作用下，试件端面沿着两者合力的角度产生损伤，且随着应力的扩散，试件的最终破坏形态呈锥形，破坏面与试件边缘所成的角度 θ 在 30°～45°，如图 2-5 所示。

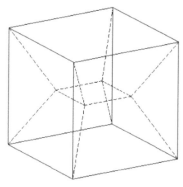 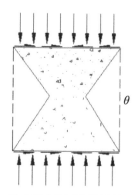

（a）正方体试件破坏示意图　　　　　（b）正方体试件破坏面

图 2-5　试件破坏形态

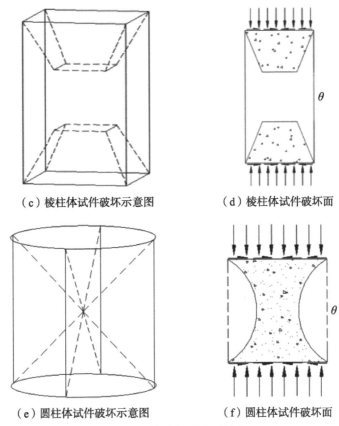

（c）棱柱体试件破坏示意图　　　（d）棱柱体试件破坏面

（e）圆柱体试件破坏示意图　　　（f）圆柱体试件破坏面

图 2-5　试件破坏形态（续）

3. 灌浆料强度影响因素

按照图 2-3 的加载方式，灌浆料标准试件的抗压强度 f_{cu} 和抗折强度 f_f 按下列公式计算：

$$f_{cu} = F/A \tag{2-1}$$

$$f_f = \frac{1.5Fl}{bh^3} \tag{2-2}$$

式中，f_{cu} 为标准试件的抗压强度，F 为试件的破坏荷载（N）；A 为试件承压面积（mm^2）；f_f 为标准试件的抗折强度；f_{cu} 和 f_f 应精确至 0.01MPa。

不同试验参数下标准试件的抗压强度和抗折强度取表 2-3 中 6 个试件的强度平均值。

（1）龄期

不同龄期下标准试件的抗压强度和抗折强度值见表 2-3。由表 2-3 中数据可以看出，灌浆料的抗折强度和抗压强度随着龄期增长而逐渐提高，灌浆料的抗压强度在 1d 的强度达到设计强度的 41.5%，3d 达到设计强度的 89.2%，7d 达到设计强度的 114%，14d 达到设计强度的 120.5%，之后灌浆料的强度逐渐稳定。抗压强度和抗折强度与龄期的关系见图 2-6。

不同龄期下标准试件的强度 表 2-3

龄期	指标类型	平均值 $\bar{x}$（MPa）	标准差 σ（MPa）	变异系数 C_v（%）
1d	f_t	4.51	0.28	6.68
	f_{cu}	35.28	2.49	7.39
3d	f_t	8.96	0.68	8.34
	f_{cu}	75.82	4.38	6.04
7d	f_t	9.49	0.77	8.91
	f_{cu}	97.26	2.89	3.1
14d	f_t	10.46	0.67	7.01
	f_{cu}	102.4	5.95	6.07
21d	f_t	10.15	0.63	6.78
	f_{cu}	108.77	7.84	7.53
28d	f_t	10.09	1.44	15.61
	f_{cu}	108.86	5.85	5.62

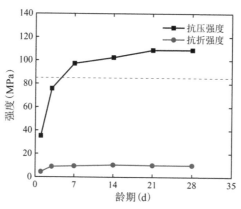

图 2-6 抗压强度和抗折强度与龄期的关系图

1）抗压强度与龄期换算关系

灌浆料抗压强度 f_{cu} 的发展主要包括初始增长、快速增长和稳定增长三个阶段，如图 2-7 所示，灌浆料的抗压强度与龄期存在相关关系。

由图 2-7 对灌浆料的抗压强度与龄期关系进行拟合，得拟合公式如下：

$$f_{cu} = -105e^{\left(\frac{t}{2.54}\right)} + 106.4 \qquad (R^2 = 0.956) \qquad (2-3)$$

式中，t 为龄期（d），$n \leqslant 28$。

由式（2-3）可知，灌浆料的抗压强度随龄期的增加呈指数增长。实际工程中一般采用灌浆料早期强度来推定 28d 的强度以便于检验。通过对其不同龄期抗压强度的平均值拟合，得到公式如下：

$$\frac{f_n}{f_{28}} = -0.06\,(\ln n)^2 + 0.4\ln n + 0.33 \qquad (R^2 = 0.996) \qquad (2\text{-}4)$$

式中，f_n 为龄期抗压强度（MPa）；f_{28} 为 28 d 抗压强度（MPa）；n 为龄期（d），$n \leqslant 28$。图 2-8 为换算关系拟合曲线与试验结果对比。

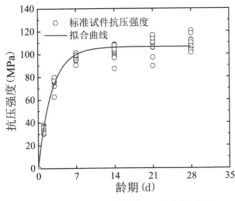

图 2-7 龄期与试件抗压强度散点图

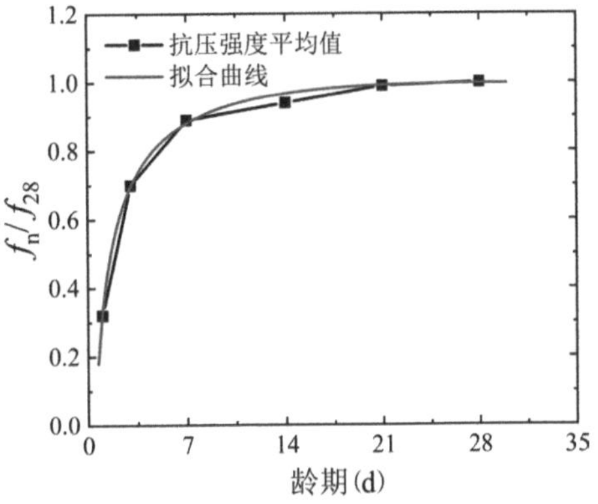

图 2-8 拟合曲线

2）抗压强度与抗折强度换算关系

灌浆料抗压强度越高，相应的抗折强度也越高，抗压强度与抗折强度之间存在相关关系。根据表 2-3 标准试件抗压强度和抗折强度的试验结果，得两者之间的拟合关系为式（2-5），图 2-9 为拟合曲线和试验结果对比图。

$$f_f = 0.46\,f_{cu}^{\,2/3} \qquad (R^2 = 0.807) \qquad (2\text{-}5)$$

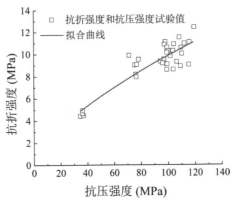

图 2-9 灌浆料抗折强度与抗压强度的关系

（2）加载速率

龄期和养护条件相同时，不同加载速率下灌浆料实测抗压强度试验结果如表 2-4 所示。

不同加载速率下抗压强度试验结果　表 2-4

加载速率（MPa/s）	平均值 $\bar{x}$（MPa）	标准差 σ（MPa）	变异系数 C_v（%）
0.5	102.74	2.29	2.33
1	109.3	2.15	2.06
1.5	109.36	3.45	3.0
2	111.73	2.0	1.87

表 2-4 中数据显示，灌浆料的实测抗压强度总体上随加载速率的加快而提高。其中，加载速率从 0.5MPa/s 增加到 1MPa/s 时，灌浆料试件的抗压强度提高最为明显，随后随加载速度提高而增大的趋势逐渐减缓。图 2-10 为不同加载速率下灌浆料的抗压强度变化情况。

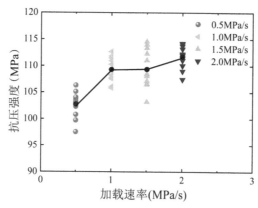

图 2-10　不同加载速率下灌浆料的抗压强度

（3）水料比和养护条件

不同水料比和养护条件下灌浆料试件的强度试验结果如表 2-5 所示。由表 2-5 可以看出，水料比和养护条件对灌浆料的抗压强度和抗折强度有显著影响。随着水料比的增加，抗压强度和抗折强度逐渐降低。当水料比为 18% 时，灌浆料的抗压强度低于《钢筋连接用套筒灌浆料》JG/T 408—2019 中 28d 灌浆料强度达到 85MPa 的要求。室内养护的灌浆料强度低于标准养护条件下灌浆料的强度。图 2-11 为灌浆料强度随水料比和养护条件不同而变化的情况。

不同水料比和养护条件下灌浆料强度值　　　　表 2-5

m_W/m_M（%）	养护条件	抗压强度（MPa）	抗折强度（MPa）
12	标准养护	125.85	7.71
14		107.2	5.59
16		92.85	4.78
18		77.51	4.58
12	室内养护	100.75	9.86
14		88.66	4.61
16		86.58	4.65
18		81.32	4.27

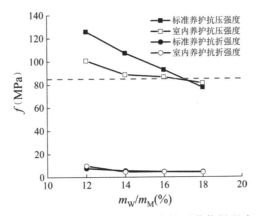

图 2-11　不同水料比和养护条件下灌浆料强度

（4）尺寸和形状

对正方体、圆柱体、棱柱体和标准试件进行抗压试验，每组试件的抗压强度均取 12 个试件的平均值，具体数值见表 2-6。

各试件抗压强度实测值　　　　表 2-6

试件编号	尺寸（mm）	平均值 $\overline{x}$（MPa）	标准差 σ（MPa）	变异系数 C_v（%）
A2	20×20×20	107.46	9.65	8.98
A3	30×30×30	115.64	10.47	9.06
A4	40×40×40	115.73	7.74	6.69
A5	50×50×50	107.73	10.03	9.31
B2	20×20	75.77	11.82	15.6
B3	30×30	76.12	9.0	13.0

续表

试件编号	尺寸（mm）	平均值 $\bar{x}$（MPa）	标准差 σ（MPa）	变异系数 C_v（%）
B4	40×40	77.49	8.87	11.33
B5	50×50	76.04	5.77	7.59
C2	20×20×40	104.13	13.20	12.68
C3	30×30×60	92.18	9.24	10.02
C4	40×40×80	92.79	13.47	14.51
C5	50×50×100	104.45	20.92	19.81
D	40×40×160	118.22	6.21	5.25

表 2-6 中数据显示，灌浆料的抗压强度和试件的形状密切有关。图 2-12 给出不同形状、不同尺寸的试件抗压强度统计直方图。从图 2-12 看出，在截面边长和直径相同的情况下，正方体试件的抗压强度最大，棱柱体试件的抗压强度居次，圆柱体试件的抗压强度最小。相同形状条件下，试件抗压强度尺寸效应不明显，这与相关文献结论一致。

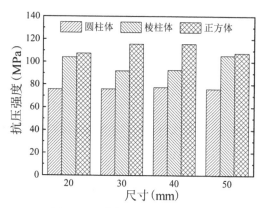

图 2-12 灌浆料抗压强度统计

2.3 高温及高温后灌浆料力学性能

2.3.1 试验概况

1. 试件设计及制作

为探究灌浆料在高温下及高温后的抗压强度和抗折强度，设计制作了 5 组灌浆料标准试件，对应的加热温度为常温、200℃、400℃、600℃、800℃。

制作试件时，先将水与灌浆料干粉按照 0.12 的水料比进行拌和，搅拌过程中注意要充分拌匀，搅拌时间不少于 5min，搅拌完成后静置 2min 以排出气泡，然后将灌浆料倒入 40mm×40mm×160mm 的三联模具中制作灌浆料标准试块（图 2-13）。

图 2-13　灌浆料标准试块

2. 加载及加热方案

使用的加热设备为 GWW-1100 电热高温炉，如图 2-14（a）所示，其最高工作温度为 1100℃。升温试验时，先设定好升温最高温度，然后将养护好的试块放入高温炉中进行升温，升温速度大约 20℃/min，当温度达到预设最高温度后，保持该温度30min 不变。高温炉各温度下的升温曲线如图 2-14（b）所示。

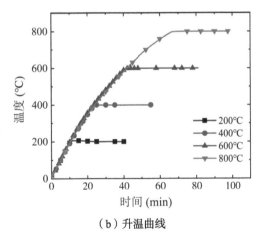

（a）高温炉　　　　　　　　　　（b）升温曲线

图 2-14　加热设备及方案

试验同时研究高温下和高温后灌浆料的力学性能。对于高温下的灌浆料标准试块，由于设备限制无法实现边加热边加载，因此需在加热完成后立即从加热炉中取出试块，放置在试验机上进行抗折、抗压试验。对于高温后的灌浆料标准试块，加热完成后取出在室温下静置，待完全冷却后再进行材性试验。加载过程如图2-15所示。

（a）抗折试验　　　　　　　　　　　　（b）抗压试验

图 2-15　高温下及高温后灌浆料性能试验

2.3.2　试验结果及分析

1. 试验现象及结果

图 2-16 为灌浆料标准试块在经过不同高温加热后所呈现的形态（其中图 a 为试块整体外观形态，从上到下依次经历最高温度 200℃、400℃、600℃、800℃；图 b 为抗折试验后试块断裂面的形态，从上到下依次经历最高温度 200℃、400℃、600℃、800℃）。通过图 2-16 可以发现，200℃的试块与常温下试块的颜色均呈青黑色，当温度达到 400℃时试块的颜色开始明显发黄变浅，并且随着温度的升高颜色越来越淡，到达 800℃时试块表面几乎变为白色。总体来说，试块表面的颜色要深于内部横截面的颜色。

根据《水泥胶砂强度检验方法（ISO法）》GB/T 17671—2021 中的计算方法（式 2-6 和式 2-7），计算各温度下的抗折强度和抗压强度，结果记录列于表 2-7 和表 2-8 中。表中，试件编号格式为"X-Y-Z"，其中"X"代表受热状态（"A"为高温下，"B"为高温后）、"Y"为加热温度、"Z"为试件组号。

（a）试块表面　　　　　　　　（b）试块断面

图 2-16　高温下与高温后灌浆料标准试块颜色

$$R_f = \frac{1.5 F_f L}{b^3} \qquad (2\text{-}6)$$

式中　R_f——标准试件抗折强度值（MPa）；

　　　F_f——折断时施加于标准试块的荷载（N）；

　　　L——支撑圆柱的距离（mm）；

　　　b——试块正方形截面的边长（mm）。

$$R_c = \frac{F}{A} \qquad (2\text{-}7)$$

式中　R_c——标准试件抗压强度值（MPa）；

　　　F——标准试件破坏荷载（N）；

　　　A——标准试件承压面积（mm^2）。

高温下标准试块材性试验数据　　　　　　　　　　表 2-7

试块编号	加热温度（℃）	抗折强度（MPa）	平均值（MPa）	抗压强度（MPa）	平均值（MPa）
20-1	室温	20.49		103.08	
20-2	室温	18.86	19.78	95.46	99.87
20-3	室温	19.98		101.08	
A-200-1	200	14.18	13.74	90.15	90.48

续表

试块编号	加热温度（℃）	抗折强度（MPa）	平均值（MPa）	抗压强度（MPa）	平均值（MPa）
A-200-2	200	13.55	13.74	88.47	90.48
A-200-3	200	13.49		92.82	
A-400-1	400	8.56		78.44	
A-400-2	400	8.47	8.39	75.58	75.56
A-400-3	400	8.13		72.65	
A-600-1	600	3.98		57.91	
A-600-2	600	4.05	4.07	60.91	60.25
A-600-3	600	4.17		61.92	
A-800-1	800	1.16		39.28	
A-800-2	800	1.85	1.41	43.11	39.48
A-800-3	800	1.22		36.06	

高温后标准试块材性试验数据　　表 2-8

试块编号	加热温度（℃）	抗折强度（MPa）	平均值（MPa）	抗压强度（MPa）	平均值（MPa）
20-1	室温	20.49		103.08	
20-2	室温	18.86	19.78	95.46	99.87
20-3	室温	19.98		101.08	
B-200-1	200	11.34		84.90	
B-200-2	200	12.29	12.17	85.61	85.95
B-200-3	200	12.87		87.33	
B-400-1	400	7.35		70.98	
B-400-2	400	8.17	7.73	76.97	73.54
B-400-3	400	7.68		72.68	
B-600-1	600	3.91		57.91	
B-600-2	600	3.56	3.83	69.42	61.08
B-600-3	600	4.01		55.92	
B-800-1	800	1.16		37.55	
B-800-2	800	1.93	1.47	45.04	40.89
B-800-3	800	1.32		40.08	

2. 灌浆料强度退化的原因

（1）水泥浆高温后的变化

当加热温度不超过200℃时，灌浆料中水泥浆的变化主要为自由水蒸发。超过200℃时，吸附水开始蒸发逸出。温度升至400℃左右时，毛细水和凝胶水蒸发，同时伴随结晶水丧失，内部结构孔隙率增大并出现了少量的细微裂缝，结构变疏松，水化产物出现轻微分层。温度在500~600℃时，硅酸盐水泥水化产生的C-S-H凝胶开始大量分解、化学结合水蒸发、Ca（OH）₂脱水分解生成CaO，因此试块表面颜色开始泛白。温度高于600℃后，原本结晶完整的片层结构被破坏，内部裂缝进一步发展，试件强度明显下降。同时，大量蒸发水导致内部蒸汽压力急剧增加，易引起灌浆料爆裂。

（2）骨料高温后的变化

温度不超过200℃时，骨料基本不受影响。当温度达到400℃左右，由于骨料中矿物成分热胀不均匀会发生爆裂，因此加热过程中会偶尔听见"啪啪"声。温度高于600℃后，骨料中的$CaCO_3$会分解成CaO和CO_2，成分的变化以及在高温下的爆裂导致灌浆料强度的大幅度下降。

3. 试验结果分析

通过表2-7中的数据可以看出，高温下灌浆料标准试块的抗折强度与抗压强度随温度的升高有明显的降低，抗折强度受温度的折减要大于抗压强度，200℃、400℃、600℃、800℃的抗折强度分别为常温下的69.46%、42.22%、20.58%、7.13%，抗压强度分别为常温下的90.6%、75.66%、60.33%、39.53%。

通过表2-8中的数据可以看出，灌浆料试块加热并自然冷却至室温后其抗折强度与抗压强度均呈下降趋势，并且随着温度的提高强度降低显著。温度的升高对试块抗折强度影响尤为明显，经历200℃、400℃、600℃、800℃温度后，试块的抗折强度分别只有常温下的61.48%、39.08%、19.31%、7.43%，抗压强度分别下降到常温下抗压强度的86.06%、73.64%、61.16%、40.94%。

如图2-17所示为高温下与高温后灌浆料标准试块的材料性能对比，从图2-17可以发现，在温度不高于600℃时，试块在高温下的抗折强度与抗压强度会略高于高温后的对应强度，这与混凝土高温下及高温后的强度变化总体一致。研究表明，当温度超过580℃高温冷却后的混凝土抗压强度存在滞迟效应，即混凝土抗压强度随着静置时间的增加而衰减。一般来说此衰减过程需要6~15d，为了保证火灾后混凝土结构鉴定和评估的结论安全、可靠，建议火灾后混凝土强度的检测应在火灾发生14d后进行，否则应进行相应的折减。

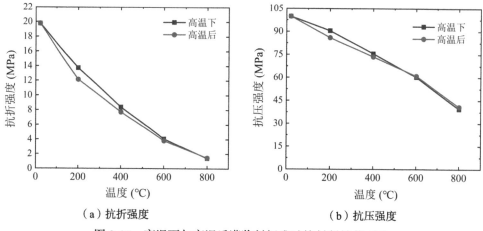

（a）抗折强度　　　　　　　　　　（b）抗压强度

图 2-17　高温下与高温后灌浆料标准试块材料性能对比

2.4　本 章 小 结

本章对常温下灌浆料强度的几种影响因素进行试验研究，同时对高温下及高温后灌浆料抗压和抗折进行了探索，得到如下主要结论：

（1）灌浆料的抗折强度和抗压强度随着龄期增长而逐渐提高，14d 趋于稳定。通过公式拟合了灌浆料抗压强度与龄期、抗折强度的关系，提出了灌浆料早期抗压强度与 28d 的抗压强度的换算公式。

（2）加载速率对于灌浆料的抗压强度影响显著，加载速率越快强度越高，建议试验加载速率控制在 1～5MPa/s。

（3）灌浆料的抗压强度和抗折强度随水料比的增加而逐渐降低，水料比为 18% 时，标准试件的抗压强度不满足规范中不低于 85MPa 的设计要求。

（4）灌浆料试块形状对于抗压强度的影响比较明显，而尺寸对于套筒灌浆料的抗压强度的影响相对较小。

（5）灌浆料试块在高温 200℃、400℃、600℃、800℃加热下的抗折性能与抗压性能都会随着温度的升高而降低，四种温度下的抗折强度分别为常温下的 69.46%、42.22%、20.58%、7.13%，抗压强度为常温下的 90.6%、75.66%、60.33%、39.53%。

（6）灌浆料试块在经过四种温度加热后（室温冷却）其抗折性能与抗压性能均出现不同程度的降低，其中抗折性能受到温度的影响要更大。试块在经历 200℃、400℃、600℃、800℃后其抗折强度分别降低至常温下的 61.48%、39.08%、19.31%、7.43%；其抗压强度为常温下的 86.06%、73.64%、61.16%、40.94%。

第 3 章

钢筋套筒灌浆
连接力学性能

3.1　引　言

目前我国装配式混凝土建筑结构中钢筋的连接方式（尤其纵向连接）主要是以套筒灌浆连接为主。其原理是通过灌浆料与套筒、钢筋之间的粘结作用将其组合为一个整体从而实现钢筋之间的受力传递。套筒类型包括全套筒灌浆和半套筒灌浆。

研究表明，套筒灌浆连接在外力作用下应避免粘结失效，以保证钢筋拉断破坏，实现等同现浇的原则。考虑到高温、灌浆料强度及灌浆缺陷对粘结性能的影响，本章研究分为三个部分：首先研究常温下不同灌浆料强度、不同灌浆饱满度的套筒灌浆连接力学性能；然后研究套筒灌浆连接在不同高温和荷载条件下的力学性能退化规律；最后对混凝土保护层对钢筋套筒灌浆连接件力学性能的影响进行探索。

3.2　灌浆饱满度对钢筋套筒灌浆连接力学性能的影响

3.2.1　试验概况

1. 试件设计

设计五种不同饱满度工况的钢筋套筒灌浆连接件，饱满程度分别为 100%、90%、80%、70% 和 60%。这五种工况对应编号 A、B、C、D、E，每种工况包含 3 个相同试件（如 A-1、A-2、A-3）。钢筋套筒灌浆连接件制作过程中，严格遵循装配式建筑对套筒与钢筋连接位置、浇筑方法等的规范要求。钢筋直径 20mm、强度等级 HRB400，其材性试验结果见表 3-1。套筒为 ϕ42mm×320mm 全套筒灌浆，灌浆料型号为 CGMJM-Ⅵ，设计强度为 85MPa。套筒和灌浆料的基本性能分别符合《钢筋连接用灌浆套筒》JG/T 398—2019 和《钢筋连接用套筒灌浆料》JG/T 408—2019 建筑行业产品标准的要求。采用尺寸为 40mm×40mm×160mm 的标准试件对灌浆料进行抗压强度试验，试验结果见表 3-2。

钢筋材性	表 3-1
钢筋强度等级	HRB400
屈服强度（MPa）	456
抗拉强度（MPa）	605
弹性模量（GPa）	196

试件号	A	B	C	D	E
抗压强（MPa）	87.3	89.8	91.4	85.6	88.6

灌浆料抗压强度测试结果　　　表 3-2

2. 试件制作

对钢筋套筒灌浆连接件进行灌浆处理（图 3-1）。灌浆时应注意：

（1）严格按标准水料配比搅拌灌浆料，防止异物混入。使用电动搅拌机搅拌约 5min，静置 2min 排出气泡。观察灌浆料流动度是否满足灌注要求。

（2）灌注前清理套筒内杂物。根据试件设计的不同饱满度要求量取灌浆料。使用手持灌浆注射器从注浆孔注入灌浆料，注意封堵出浆孔，防止灌浆料流出。

（3）各组试件应使用同一批次灌浆料，以保证性能与配比一致性。灌注后，所有试件应在相同条件下养护 28d。

图 3-1　不同饱满度试件的制作

3. 加载方案

采用力控制加载方法在 600kN 万能材料试验机上进行单向拉伸试验，直到钢筋拔出或被拉断为止。在加载过程中记录时间、荷载、位移、极限拉伸力及总伸长量。测点布置如图 3-2 所示，加载示意如图 3-3 所示。根据《钢筋机械连接技术规程》JGJ 107—2016，总伸长率 A_{sgt} 为试件在极限承载力时伸长量与试件原长的比值，公式如下：

$$A_{\mathrm{sgt}} = \left(\frac{L_{02}-L_{01}}{L_{01}} + \frac{f_{\mathrm{mst}}^{0}}{E} \right) \times 100\% \tag{3-1}$$

式中，L_{01} 为试件加载前 AB 或 CD 的实测长度；L_{02} 为试件加载后 AB 或 CD 的实测长度；E 为钢筋弹性模量；f_{mst}^0 为试件达到极限承载力时对应的钢筋应力值。

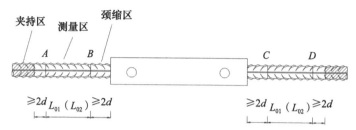

图 3-2　总伸长率布点示意图

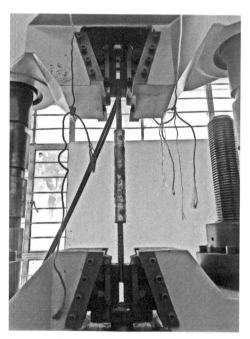

图 3-3　试件加载示意图

3.2.2　试验结果及分析

表 3-3 为各试件的拉伸试验测试结果。结果表明，随着灌浆饱满度的降低，试件的破坏形式从钢筋拉断转变为钢筋拔出，同时极限承载力显著降低。当灌浆饱满度降至约 70% 时，套筒灌浆连接钢筋出现拔出破坏。此时，试件的抗拉强度虽然超过钢筋的屈服强度，但远低于钢筋的极限抗拉强度。图 3-4 对比了两种不同破坏形式的典型试件荷载－位移曲线。从图 3-4 可见，钢筋拉断和钢筋拔出两种破坏形式在弹性阶段和屈服阶段的荷载－位移曲线基本重合。进入强化阶段后，钢筋拔出破坏试件

（D-1、D-3）的极限承载力和对应位移均小于钢筋拉断破坏试件（A-1、A-2）。试件的破坏形式如图 3-5 所示。

图 3-6 为灌浆饱满度与试件抗拉强度的关系。从图 3-6 中发现，灌浆饱满度较低（60%～70%）时，试件发生钢筋拔出破坏，抗拉强度明显低于钢筋极限抗拉强度。灌浆饱满度 70% 为临界值，高于此值时，钢筋发生拉断破坏，抗拉强度接近钢筋极限值，此时钢筋充分发挥受力作用。在试验中拉断破坏试件的抗拉强度存在差异，造成这种现象的原因源于连接钢筋自身强度差异。对于未发生拔出破坏的不饱满试件，灌浆饱满度降低会减小套筒内钢筋锚固的富余量，若叠加其他不利的施工因素，连接件的质量与性能可能无法满足设计要求。

灌浆饱满度与试件总伸长率的关系如图 3-7 所示，总伸长率随灌浆饱满度增加而增加。对于钢筋拉断破坏试件，总伸长率均能保持在 11% 以上。结合图 3-6 和图 3-7 结果，考虑在工程现场中可能存在其他不利的施工情况，钢筋套筒灌浆连接的灌浆饱满度应保持在 90% 及以上。

试件加载试验结果　　　　　　　　　　　　　　　　　　　　　表 3-3

试件编号	灌浆饱满度	极限承载力（kN）	抗拉强度（MPa）	最大力总伸长率	破坏形式
A-1	100%	192.58	613	13.69%	钢筋拉断
A-2	100%	203.89	649	14.31%	钢筋拉断
A-3	100%	193.21	615	14.66%	钢筋拉断
B-1	90%	191.95	611	10.31%	钢筋拉断
B-2	90%	190.38	606	11.45%	钢筋拉断
B-3	90%	186.30	593	12.81%	钢筋拉断
C-1	80%	191.32	609	8.32%	钢筋拉断
C-2	80%	188.81	601	13.77%	钢筋拉断
C-3	80%	185.04	589	11.56%	钢筋拉断
D-1	70%	179.70	572	4.30%	钢筋拔出
D-2	70%	193.52	616	7.42%	钢筋拉断
D-3	70%	175.62	559	4.29%	钢筋拔出
E-1	60%	158.65	505	3.14%	钢筋拔出
E-2	60%	151.42	482	4.26%	钢筋拔出
E-3	60%	152.90	486	2.25%	钢筋拔出

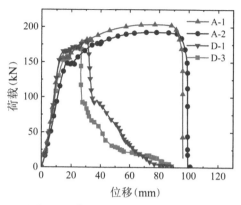

图 3-4　典型试件荷载－位移曲线

（a）钢筋拔出破坏　　　　　　　　（b）钢筋拉断破坏

图 3-5　试件破坏形式

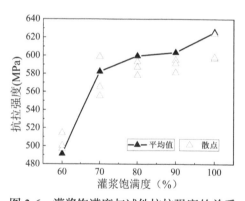

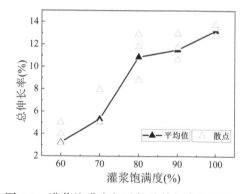

图 3-6　灌浆饱满度与试件抗拉强度的关系　　图 3-7　灌浆饱满度与试件总伸长率的关系

3.3　灌浆料强度对钢筋套筒灌浆连接力学性能的影响

在实际工程中，存在使用劣质灌浆料导致灌浆料成型强度不足的现象，也有因灌浆料拌制工作不严密导致浆料与水配合比不满足要求的现象，造成灌浆料实体强度与理论强度存在差异。因此，对不同灌浆料强度的钢筋套筒灌浆连接件进行单向拉伸试验，研究不同灌浆料强度下钢筋套筒灌浆连接件的破坏模式、极限承载力和伸长率等力学性能，可为实际工程中判别不同灌浆料强度下的套筒灌浆连接件使用的可行性提供依据。

3.3.1　试验概况

1. 试件设计

由于水料比对灌浆料强度有重要影响，因此设计水料比为 12%、14%、16%、18% 四种不同强度工况下的钢筋套筒灌浆连接件，即 Ⅰ、Ⅱ、Ⅲ、Ⅳ 四个系列，每个系列制作 3 个试件（如 Ⅰ-1、Ⅰ-2、Ⅰ-3），试件的灌浆料饱满度为 100%。钢筋直径为 20mm、强度等级为 HRB400，材性试验结果见表 3-1。套筒为 $\phi 42\text{mm} \times 320\text{mm}$ 的全套筒灌浆，灌浆料型号为 CGMJM-VI，设计强度为 85MPa。采用尺寸为 40mm×40mm×160mm 的标准试件对灌浆料进行抗压强度试验，平均抗压强度测试结果见表 3-4。

不同水料比下灌浆料平均抗压强度测试结果　　　　　　　　表 3-4

试件编号	Ⅰ	Ⅱ	Ⅲ	Ⅳ
抗压强度（MPa）	91.9	77.3	66.4	51.6

2. 试件制作及加载方案

本次试验采用的灌浆料各项性能均满足《钢筋连接用套筒灌浆料》JG/T 408—2019 的要求。按照上述相同步骤对钢筋套筒灌浆连接件进行灌浆处理（图 3-8），之后进行加载试验，加载方案与 3.2.1 节相同。

图 3-8　不同灌浆料强度试件

3.3.2　试验结果及分析

不同灌浆料强度试件的拉伸试验测试结果见表 3-5。从表 3-5 看出随着灌浆水料配比的增大，灌浆料强度逐渐减小，试件破坏形式由钢筋拉断破坏转变为钢筋拔出破坏，破坏形式转变后，试件破坏时的极限承载力显著降低。当水料比达到 16% 时，灌浆料强度降至 70MPa 以下，试件发生钢筋拔出破坏，试件的抗拉强度小于钢筋的极限抗拉强度。各试件的破坏形式如图 3-9 所示。

图 3-10 为试件抗拉强度与水料比（灌浆料强度）的关系。从图 3-10 发现，试件抗拉强度随着水料比的增大（灌浆强度的减小）而降低，当水料比小于 14%，灌浆料强度大于 75MPa 时，试件总体发生钢筋拉断破坏；当水料比达 16%，灌浆料强度低于 75MPa 时，试件发生钢筋拔出破坏，其抗拉强度明显低于钢筋极限抗拉强度。

图 3-11 为试件总伸长率与水料比（灌浆料强度）的关系。从图 3-11 可以看出，试件的总伸长率随着水料比的增大（灌浆强度的减小）而降低。因此，灌浆料强度不足会对连接件的强度与变形带来非常不利的影响。考虑施工情况与设计要求，应严格控制灌浆水料比，确保灌浆料强度满足要求。

试件加载试验结果　　　　　　　　　　表 3-5

试件编号	水料比	极限承载力（kN）	抗拉强度（MPa）	最大力总伸长率	破坏形式
Ⅰ-1	12%	224.32	700.10	14.56%	钢筋拉断
Ⅰ-2	12%	202.07	630.66	13.22%	钢筋拉断
Ⅰ-3	12%	196.87	614.43	12.81%	钢筋拉断
Ⅱ-1	14%	199.47	622.55	13.42%	钢筋拉断
Ⅱ-2	14%	210.48	656.91	11.84%	钢筋拉断
Ⅱ-3	14%	201.42	628.63	11.52%	钢筋拔出
Ⅲ-1	16%	189.53	591.52	9.80%	钢筋拔出
Ⅲ-2	16%	177.29	553.32	10.48%	钢筋拔出
Ⅲ-3	16%	185.86	580.07	8.50%	钢筋拔出
Ⅳ-1	18%	174.88	545.80	3.18%	钢筋拔出
Ⅳ-2	18%	143.87	449.02	4.93%	钢筋拔出
Ⅳ-3	18%	167.66	523.27	5.77%	钢筋拔出

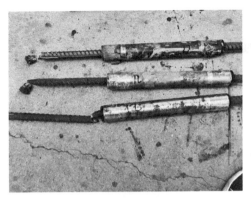

（a）水料比 12%

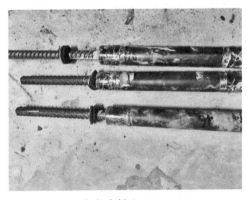

（b）水料比 14%

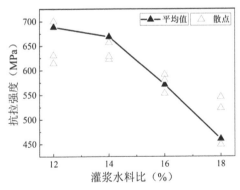

（c）水料比 16%

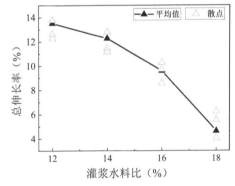

（d）水料比 18%

图 3-9　试件破坏形式

图 3-10　水料比对试件抗拉强度的影响

图 3-11　水料比对试件伸长率的影响

3.4 高温单调荷载下钢筋套筒灌浆连接力学性能

3.4.1 试验概况

1. 试件设计

被连接钢筋直径为 14mm，采用半套筒灌浆连接。由于设计要求灌浆端钢筋在套筒中的锚固长度应大于钢筋直径的 8 倍，因此试验中采用的钢筋锚固长度为 115mm。试件尺寸见图 3-12。为研究钢筋套筒灌浆连接在不同高温条件下的单向拉伸力学性能，设置四种不同的升温最高温度：200℃、400℃、600℃及 800℃，并设常温温度对照组。每种温度条件下设置三个试验，共制作了 15 个钢筋套筒灌浆连接件。在试件的制作过程中，灌浆料按照最佳水料比 0.12 配制，灌浆时确保灌浆饱满度达到 100%，钢筋锚固长度保持为 115mm。

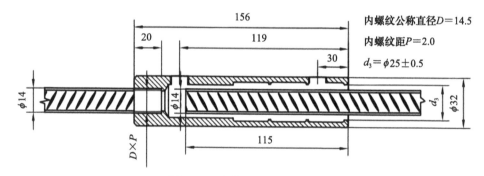

图 3-12 套筒灌浆尺寸详图

选用 CGMJM-Ⅵ 型高强灌浆料，性能参数见表 3-6。

CGMJM-Ⅵ 型高强灌浆料材料性能检测结果 表 3-6

检验项目	质量指标	检测结果
初始流动度（mm）	≥300	310
30min 流动度（mm）	≥260	275
泌水率（%）	0	0
1d 抗压强度（MPa）	≥35	36.9
3d 抗压强度（MPa）	≥60	62.7
28d 抗压强度（MPa）	≥85	待测

检验项目	质量指标	检测结果
3h 竖向膨胀率（%）	0.02～2	0.04
24h 与 3h 竖向膨胀率差值（%）	0.02～0.4	0.04

2. 试件制作

钢筋套筒灌浆连接的具体制作过程如下：

（1）将已打好螺纹的钢筋拧入套筒的螺纹端，使用扳手确保连接紧固。在另一端将要连接的钢筋按照设计锚固长度插入。使用橡胶封浆环固定钢筋位置，确保其在套筒中居中对齐。

（2）将水与灌浆料干粉按 0.12 的水料比拌合。搅拌时需充分混合，保持搅拌时间不少于 5min。搅拌完成后，静置 2min 以排出气泡。

（3）将灌浆料通过灌浆枪从套筒的进浆口注入，直至灌浆料从出浆口流出，用胶塞封闭出浆口。

（4）灌浆完成后，将试件竖直悬挂在如图 3-13 所示的支架上养护 28d。

图 3-13　灌浆完成的试件

3. 升温与加载方案

升温加载试验在如图 3-14（a）所示的升温－加载一体试验系统中进行，该系统由电加热升温炉和电液加载伺服加载试验机组成。试验时，先用夹具将试件固定在试验机上，然后将外挂电加热升温炉炉门打开并缓缓推入试验机上下平台板中间，使试件中间的套筒进入升温炉，然后进行升温，达到预定升温最高温度并保持 30min 后，进行单调拉伸试验，获得该温度下的拉伸荷载-伸长率试验曲线，升温曲线如图 3-14（b）所示。

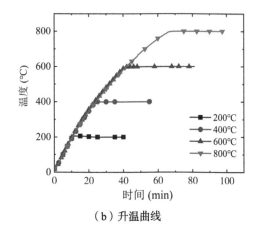

（a）升温－加载一体试验系统　　　　　　（b）升温曲线

图 3-14　升温－加载一体试验系统与升温曲线

3.4.2　试验结果及分析

1. 试验现象

高温下套筒灌浆连接试件的破坏形态主要有三种，分别为钢筋在套筒外拉断破坏、钢筋拔出破坏、钢筋在套筒内部拉断破坏，详见图 3-15。

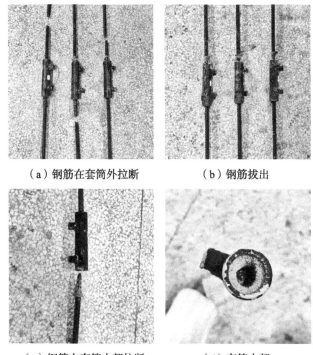

（a）钢筋在套筒外拉断　　　　　　　（b）钢筋拔出

（c）钢筋在套筒内部拉断　　　　　　　（d）套筒内部

图 3-15　高温下半灌浆套筒连接破坏形式

高温下经过单调拉伸试验测得的具体数据见表 3-7。表中破坏形式用 "Ⅰ""Ⅱ" "Ⅲ" 分别表示钢筋拉断破坏、钢筋拔出破坏、钢筋在套筒内部拉断。

高温下套筒灌浆试件试验数据 表 3-7

试件编号	破坏形式	极限荷载（kN）	极限强度（MPa）	最大伸长率（%）
A-200-1	Ⅰ	87.55	568.73	8.32
A-200-2	Ⅰ	87.59	568.99	7.91
A-200-3	Ⅰ	85.22	553.60	8.50
A-400-1	Ⅰ	87.14	566.07	6.32
A-400-2	Ⅰ	84.12	546.45	7.48
A-400-3	Ⅰ	83.81	544.43	6.01
A-600-1	Ⅱ	79.03	513.39	4.50
A-600-2	Ⅱ	81.57	529.89	3.55
A-600-3	Ⅱ	77.42	502.93	3.85
A-800-1	Ⅲ	31.31	203.40	1.80
A-800-2	Ⅲ	21.94	142.52	1.50
A-800-3	Ⅲ	30.75	199.76	1.65

2. 试验结果分析

根据试验数据绘制的高温下钢筋套筒灌浆试件在单调拉伸作用过程中的荷载-位移曲线如图 3-16 所示。当温度不超过 400℃时，试件表现为钢筋拉断破坏，荷载-位移曲线分为弹性阶段、屈服阶段和强化阶段，可观察到明显的屈服点。试件在 200℃和 400℃下的平均屈服强度分别为 436.29MPa（常温的 90.31%）和 408.04MPa（常温的 84.46%）；抗拉强度分别为 563.77MPa（常温的 88.35%）和 552.32MPa（常温的 86.56%）。

当温度达到 600℃时，试件荷载-位移曲线从弹性阶段直接过渡到平缓上升的强化阶段，没有出现明显的屈服点和屈服平台，此时试件发生钢筋拔出破坏，极限抗拉强度下降至 515.4MPa（常温的 80.77%）。当温度达到 800℃时，试件在线性上升阶段即发生破坏，此时钢筋在套筒内部断裂，极限抗拉强度仅为 201.58MPa（常温的 31.59%）。这种现象主要由于钢筋在 800℃高温下抗拉性能大幅下降，试件的抗拉强度取决于钢筋本身。而破坏位置出现在套筒内部，主要因为高温炉的加热部位集中在套筒部分，两端的钢筋暴露在空气中，外部钢筋的温度主要来自热量传导，从而低于炉内温度。

根据《钢筋套筒灌浆连接应用技术规程》JGJ 355—2015，套筒灌浆连接的屈服强度与极限抗拉强度需大于钢筋强度标准值。HRB400 钢筋的屈服强度与抗拉强度标准值分别为 400MPa 和 540MPa。对比试验数据可知，当温度达到 400℃时，屈服强度与抗拉强度已非常接近标准值。因此，高温下的套筒灌浆试件若要满足强度要求，温度需控制在 400℃以下。

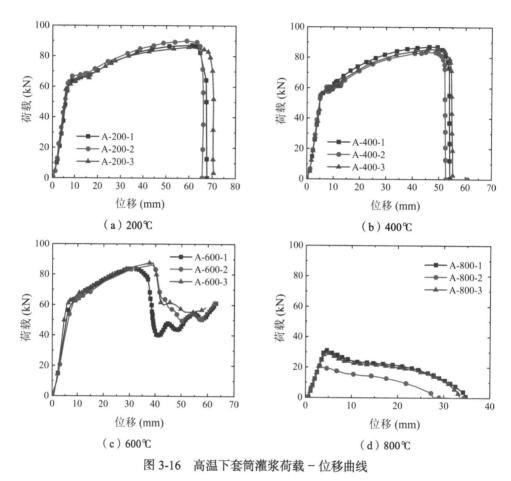

图 3-16　高温下套筒灌浆荷载－位移曲线

3.5　高温后单调荷载下钢筋套筒灌浆连接力学性能

3.5.1　试验概况

与高温下套筒灌浆连接试验设计一样，设置 200℃、400℃、600℃、800℃以及常温对照组 5 组试件，研究钢筋套筒灌浆连接高温后的单向拉伸力学性能。试件的性能材料、制作过程、升温方式与 3.4 节相同。达到预定升温设定后，打开炉门移开升温炉，使试件自然冷却，然后如图 3-17（a）所示进行单调拉伸试验。

为了测量高温后钢筋套筒灌浆连接中钢筋的滑移，设计了如图 3-17（b）所示的测量装置。利用两个高强度弹簧夹分别固定在套筒和灌浆端部钢筋上（为减小钢筋伸长带来的影响，钢筋上弹簧夹的固定位置尽可能靠近灌浆料界面），将两个拉线位移计的底座固定于试验机横梁上（该横梁在试验过程中保持静止），拉线末端分别与两个弹簧夹的伸出杆相连，并调整使拉线保持竖直。试验测得钢筋端弹簧夹的位移 S1 与套筒端弹簧夹的位移 S2 之间的差值即为钢筋与灌浆料的相对滑移。

（a）高温后拉伸试验

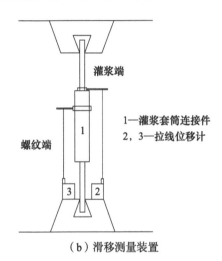
灌浆端

1—灌浆套筒连接件
2，3—拉线位移计

螺纹端

（b）滑移测量装置

图 3-17　高温后试验与滑移量测试

3.5.2　试验结果及分析

1. 试验现象

升温后的套筒自然冷却至室温后其形态如图 3-18 所示（从左到右依次为室温、200℃、400℃、600℃、800℃）。观察试件外观可以发现，在 400℃及以下时套筒外观与常温下没有太大的差别，裸露出的灌浆料形态肉眼也几乎看不出变化；600℃高温后的套筒外壁颜色略微变深，表皮有轻微的脱落，部分区域析出了红色物质；800℃高温后的套筒灌浆外壁颜色明显加深呈黑红色，表面失去金属光泽，表皮出现严重起皮、脱落的现象。

套筒灌浆连接试件在高温后，经过单调拉伸后的破坏形态主要分为两种：钢筋拉断破坏和钢筋拔出破坏（图 3-19）。高温后经过单调拉伸的试件破坏位置均在套筒外部，当试件被拔出破坏时灌浆料发生剪切破坏，破坏面呈倒锥形。

（a）室温、200℃、400℃、600℃、800℃

（b）600℃套筒壁

（c）800℃套筒壁

图 3-18　高温后钢筋套筒灌浆试件外观

（a）钢筋拉断

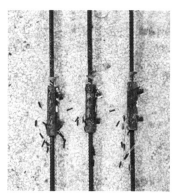

（b）钢筋拔出

图 3-19　高温后半灌浆套筒试件破坏形式

高温后经过单调拉伸试验测得的具体数据见表3-8。表中破坏形式用"Ⅰ""Ⅱ"分别表示钢筋拉断破坏、钢筋拔出破坏。

高温后套筒灌浆试件试验数据   表3-8

试件编号	破坏形式	极限荷载（kN）	极限强度（MPa）	峰值滑移（mm）	伸长率（%）
20-1	Ⅰ	459.34	633.47	0.323	11.2
20-2	Ⅰ	101.14	657.02	0.451	9.5
20-3	Ⅰ	96.02	623.76	0.376	12.8
B-200-1	Ⅰ	97.1	630.77	0.826	9.2
B-200-2	Ⅰ	96.01	623.69	0.619	6.25
B-200-3	Ⅰ	98.41	639.28	0.426	9.8
B-400-1	Ⅰ	95.65	621.35	2.117	9.9
B-400-2	Ⅰ	98.38	639.09	3.245	7.8
B-400-3	Ⅰ	96.31	625.64	2.517	10.1
B-600-1	Ⅱ	96.24	625.19	4.268	6
B-600-2	Ⅱ	92.28	599.46	3.162	6.5
B-600-3	Ⅱ	93.66	608.43	3.588	6.5
B-800-1	Ⅱ	84.11	546.39	2.439	3.5
B-800-2	Ⅱ	76.80	498.90	2.558	4.5
B-800-3	Ⅱ	85.27	553.92	3.196	4.2

2. 抗拉强度分析

设计规范要求套筒连接件的总伸长率不得小于6%，从表3-8可以看出，当破坏模式为钢筋拉断破坏时，钢筋伸长率基本满足该要求；而当破坏模式为拔出破坏时，由于温度影响导致钢筋与灌浆料发生滑移破坏，钢筋抗拉性能未能充分发挥，导致最大伸长率往往不达标。根据试验测得的数据绘制了半灌浆套筒试件在高温后不同温度下的荷载－位移曲线，如图3-20所示。由图3-20可见，当试件温度在室温至400℃区间时，破坏形式主要为钢筋拉断，其荷载－位移曲线类似于钢筋拉伸试验：初期为弹性阶段，随后出现屈服平台即钢筋屈服，最后进入强化阶段直至破坏。当温度超过600℃后，试件破坏形式转变为钢筋从套筒内拔出破坏，荷载大幅降低。

图3-21给出了高温后不同温度条件下试件荷载－位移曲线及抗拉强度的对比。

套筒灌浆连接高温下和高温后单调拉伸荷载－位移曲线及抗拉强度的对比见图3-22和图3-23。从中可以看出，由于高温后钢筋和套筒的力学性能相对高温下有所恢复，因此同等温度条件下，高温后试件的屈服强度、抗拉强度、极限位移均高于高温下试件对应值。

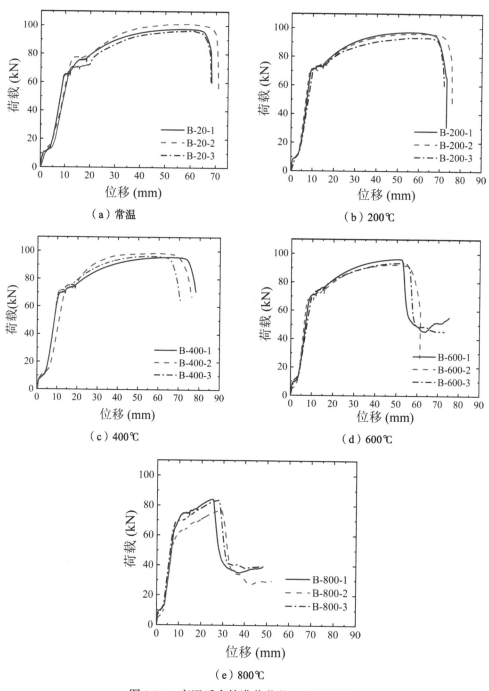

（a）常温

（b）200℃

（c）400℃

（d）600℃

（e）800℃

图 3-20　高温后套筒灌浆荷载－位移曲线

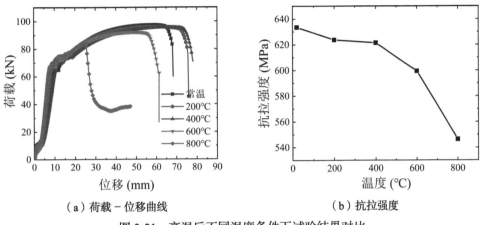

（a）荷载－位移曲线　　　　　　　（b）抗拉强度

图 3-21　高温后不同温度条件下试验结果对比

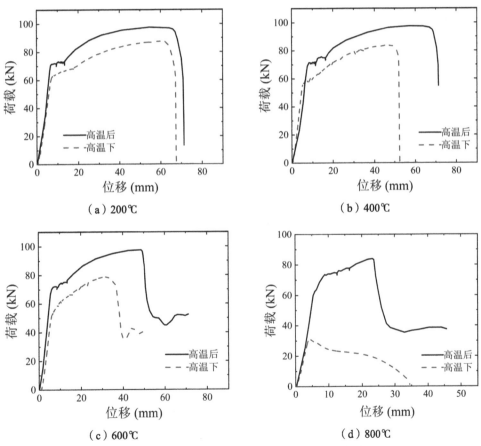

（a）200℃　　　　　　　　　　　　（b）400℃

（c）600℃　　　　　　　　　　　　（d）800℃

图 3-22　高温下与高温后套筒灌浆荷载－位移曲线对比

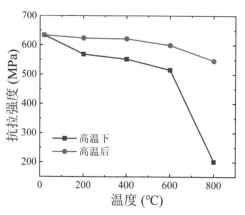

图 3-23　高温下与高温后抗拉强度对比

3. 粘结性能分析

根据试验拉伸荷载经换算可以得到钢筋与灌浆料之间的平均粘结应力，根据换算得到的粘结应力及图 3-17 所示方法测得的滑移，绘制出灌浆套筒连接中钢筋与灌浆料之间的粘结滑移曲线（τ-s），如图 3-24（a）所示。从图中可以看出，当温度为常温、200℃、400℃时，曲线形状大致相同，粘结应力随滑移增大呈现先上升后下降趋势。这三种温度下试件破坏形式均为钢筋拉断。对应试件拉伸过程可发现，当试件处于弹性阶段时，钢筋与灌浆料之间的滑移量增长较慢，τ-s 曲线近似直线；当施加荷载达到一定值后，灌浆料内部出现裂缝，钢筋肋前的灌浆料被挤碎，滑移增长有所加快；随着荷载的继续增加，钢筋屈服、颈缩进而拉断，试件发生破坏。破坏时平均粘结应力有所降低，滑移量有所增大。

当温度为 600℃和 800℃时，粘结应力随滑移增大呈现先上升后下降再稳定趋势，此时试件破坏形式为钢筋拔出。与钢筋拉断情况类似，加载初期钢筋与灌浆料间滑移增长较慢，当荷载达到一定值后滑移逐渐加快直至粘结应力达到峰值。此时灌浆料与钢筋间粘结应力遭严重破坏，钢筋从套筒中逐渐拔出，粘结应力不断减小，直到趋于稳定。

在粘结应力－滑移曲线上升段，τ-s 曲线斜率随温度升高而减小，说明在相同外力作用下，随着温度提高，钢筋与灌浆料之间粘结刚度减小，滑移量增大。图 3-24（b）为套筒灌浆连接与峰值荷载对应的滑移量（峰值滑移）与升温最高温度之间关系曲线。图中显示，当温度小于 600℃时，滑移峰值随着温度的提高而加大，但是当温度超过 600℃以后，峰值滑移随着温度的提高反而变小。这是因为灌浆料在超过 600℃时强度损失严重，钢筋与灌浆料之间粘结强度大幅降低，试件提前破坏，钢筋与灌浆料之间的滑移量亦略有下降。

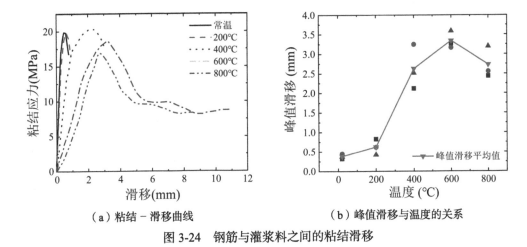

（a）粘结－滑移曲线　　　　　　（b）峰值滑移与温度的关系

图 3-24　钢筋与灌浆料之间的粘结滑移

4. 套筒变形分析

套筒灌浆连接试件在单调拉伸过程中，外力作用于两端钢筋上，套筒本身不直接受外力。但由于灌浆料、钢筋、套筒的相互作用，套筒在灌浆段与灌浆料之间产生粘结力，在螺纹段与钢筋之间会产生机械咬合力，使套筒沿纵向和环向产生变形。通过应变片可以测量套筒外壁不同位置在受力过程中的纵向与环向应变，应变片的布置如图 3-25 所示，其中"L"代表纵向应变片，"C"代表环向应变片。

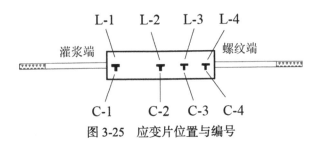

图 3-25　应变片位置与编号

图 3-26 为半灌浆套筒试件不同位置和不同方向上的应变随荷载变化的曲线图。通过图 3-26 发现，套筒在加载过程中处于弹性阶段，中间应变大，两端应变小，纵向应变大于环向应变。

图 3-27 为套筒灌浆连接试件在高温后单调拉伸时，套筒外壁最大应变随测点位置的变化情况。从图 3-27 可以看出，在套筒灌浆段部分，随着锚固位置从端点向内部延伸，套筒的纵向和环向应变均呈现增大趋势。对于套筒两个端点，螺纹端应变略大于灌浆端应变。此外，不同高温温度后的试件在单调荷载下，套筒不同位置的最大应变均发生变化。当温度达到 200℃时，套筒的纵向及环向应变会略有增大；但当温度达到 400℃后，由于发生滑移，从钢筋传递到灌浆料再传递到套筒的纵向荷载受到

影响，套筒最大应变稍有回落。当温度升至600℃后，由于粘结失效导致试件提前发生拔出破坏，最大应变明显下降。总体来说，纵向最大应变一般不超过1.3×10^{-3}，环向应变一般不超过0.3×10^{-3}。

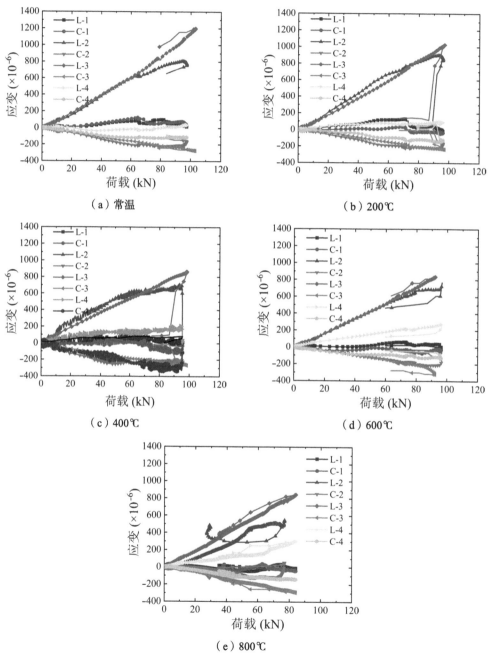

（a）常温

（b）200℃

（c）400℃

（d）600℃

（e）800℃

图3-26 套筒灌浆的应变－荷载曲线

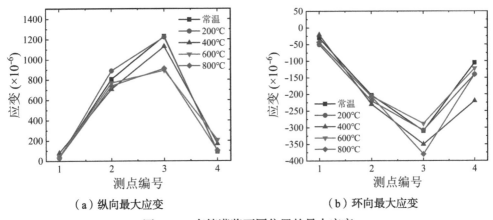

（a）纵向最大应变　　　　　　　　　（b）环向最大应变

图 3-27　套筒灌浆不同位置的最大应变

5. 粘结强度计算

套筒灌浆连接的钢筋和灌浆料间的粘结强度与套筒几何形状、钢筋类型和灌浆料抗压强度有关。根据试验设计方案，灌浆套筒连接的平均极限粘结应力（粘结强度）可使用式（3-2）计算：

$$\tau = \frac{P}{\pi D L_0} \tag{3-2}$$

其中，P 表示极限荷载；D 表示钢筋直径；L_0 表示钢筋的锚固长度。粘结强度与套筒对灌浆料的约束以及钢筋直径密切相关。图 3-28 为同时考虑套筒和钢筋直径的约束机制，灌浆料受到这两种元素的约束而处于三轴受压状态，引入约束系数考虑这一影响。

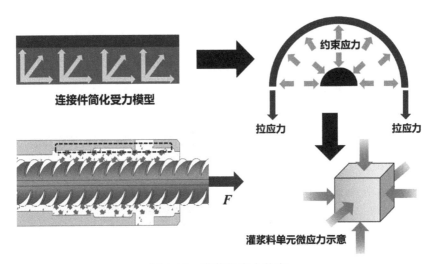

图 3-28　灌浆料应力状态

约束系数的计算见式（3-3）：

$$\alpha = \frac{f_{ys}A_{ys}}{f_c A_g} \tag{3-3}$$

$$A_g = \frac{\pi(D_i^2 - D^2)}{4} \tag{3-4}$$

其中，D_i 表示套筒的内壁直径，f_{ys} 表示套筒的抗拉强度，A_{ys} 表示套筒的横截面面积，f_c 表示灌浆料的抗压强度，A_g 表示灌浆料的横截面面积。利用式（3-3）和相关文献数据，拟合得出考虑约束系数的粘结应力计算公式，拟合曲线见图 3-29（a），公式见式（3-5）：

$$\tau_u = \sqrt{f_c}\left(0.0058e^{\frac{\sqrt{\alpha}}{0.6885}} + 1.43302\right) \tag{3-5}$$

使用式（3-5）计算出的极限粘结强度与测试值的比较见图 3-29（b）。结果表明，最大计算误差不超过 10%，计算值总体上趋于保守。

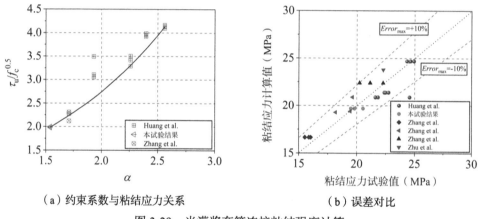

（a）约束系数与粘结应力关系　　　　（b）误差对比

图 3-29　半灌浆套筒连接粘结强度计算

当半灌浆套筒连接承受高温时，套筒和灌浆料的强度都会受到不同程度的影响。此外，随着温度的升高，由于材料性质的不同，约束效应也会发生变化。通过对现有的半灌浆套筒连接在高温和高温后的测试数据进行统计回归，给出其在高温（T 小于 600° C）和高温后（T 小于 800° C）的极限粘结应力计算公式：

$$\tau_{uT} = \begin{cases} \tau_u\sqrt{\dfrac{f_c(AT)}{f_c}}\,e^{0.55\alpha(T)-1.88\sqrt{\alpha(T)}+1.78} & \text{高温下} \\[4mm] \tau_u\sqrt{\dfrac{f_c(PT)}{f_c}}\,e^{0.81\alpha(T)-2.48\sqrt{\alpha(T)}+1.99} & \text{高温后} \end{cases} \tag{3-6}$$

$$\alpha(T)=\begin{cases} \dfrac{f_{ys}(AT)\,A_{ys}}{f_c(AT)\,A_g} & \text{高温下} \\[3mm] \dfrac{f_{ys}(PT)\,A_{ys}}{f_c(PT)\,A_g} & \text{高温后} \end{cases} \tag{3-7}$$

其中，$f_c(AT)$ 表示高温下的灌浆料强度；$f_c(PT)$ 表示暴露于高温后的灌浆料强度；$f_{ys}(AT)$ 表示高温下的钢材强度；$f_{ys}(PT)$ 表示高温后的钢材强度，计算公式如下：

$$f_c(AT)=f_c\times\left[-1.92\times10^{-7}(T-20)^2-0.000457(T-20)+1.044\right] \tag{3-8}$$

$$f_c(PT)=f_c\times\left[-2.01\times10^{-7}(T-20)^2-0.000657(T-20)+1.013\right] \tag{3-9}$$

$$f_{ys}(AT)=\begin{cases} f_{ys} & 200\text{℃}\leqslant T\leqslant 300\text{℃} \\[2mm] \begin{aligned}&(1.24\times10^{-8}T^3-2.096\times10^{-5}T^2+\\&\quad 9.228\times10^{-3}T-0.2168)f_{ys}\end{aligned} & 300\text{℃}<T<800\text{℃} \\[2mm] \left(0.5-\dfrac{T}{2000}\right)f_{ys} & 800\text{℃}\leqslant T\leqslant 1000\text{℃} \end{cases} \tag{3-10}$$

$$f_{ys}(PT)=\begin{cases} (100.19-0.01586T)\times10^{-2}f_{ys} & 0\text{℃}\leqslant T\leqslant 600\text{℃} \\[2mm] (121.395-0.0512T)\times10^{-2}f_{ys} & 600\text{℃}<T\leqslant 1000\text{℃} \end{cases} \tag{3-11}$$

式（3-6）适用高温后试件和高温下最高温度不超过600℃的试件。试验结果表明，当温度超过600℃后，高温下试件粘结破坏严重，导致极限载荷大幅下降。此时，用式（3-12）对粘结强度进行计算：

$$\tau_{uT}=k(T)\sqrt{f_c(AT)} \tag{3-12}$$

图3-30给出 k 值随温度的变化情况。根据试验和相关文献，$k(600\text{℃})$ 可取1.56，$k(800\text{℃})$ 值可取1.15。这样，根据式（3-6）和式（3-12）计算出粘结应力与试验结果对比如图3-31所示，计算结果与试验结果最大误差不超过15%。

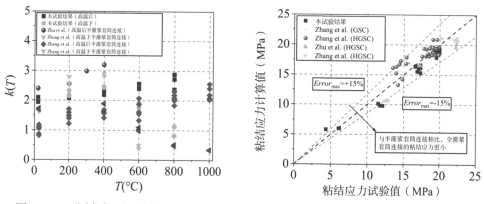

图 3-30　不同条件下 k 值随温度的变化情况　图 3-31　粘结强度计算值与试验值比较

3.6　高温后循环荷载下钢筋套筒灌浆连接力学性能

3.6.1　试验概况

1. 试件设计

共设计了五种不同的升温最高温度：常温、200℃、400℃、600℃、800℃，以高应力反复拉压和大变形反复拉压两种循环加载制度，探究钢筋套筒灌浆连接高温后循环荷载作用下的力学性能。每种温度工况下设置三个试件，灌浆饱满度均为 100%，灌浆完成的试件如图 3-32 所示。图中，套筒采用型号为 GTQ4J-14、截面尺寸为 $\phi34 \times 156$ 的半灌浆套筒；钢筋采用 HRB400、直径为 14mm 的钢筋，灌浆端的锚固长度为 115mm；灌浆料选用 CGMJM-Ⅵ型高强灌浆料。套筒详细尺寸以及灌浆料性能参数与本章 3.4 节中相同。

图 3-32　灌浆完成的试件

2. 升温和加载方案

升温方案同本章 3.4 节。为使炉内试件均匀受热且套筒内外温度达到一致，当炉内温度达到设定最高温度后保持恒温 30min。随后将试件从高温炉中取出，使其自然冷却后进行加载。加载在图 3-33 所示的 250kN 高性能疲劳试验机上进行。依据《钢筋套筒灌浆连接应用技术规程》JGJ 355—2015 中的接头性能检验要求，循环荷载包括高应力反复拉压荷载与大变形反复拉压荷载，具体的加载方案详见表 3-9。加载过程中，通过图 3-17（b）所示的装置测量钢筋与灌浆料之间的相对滑移。

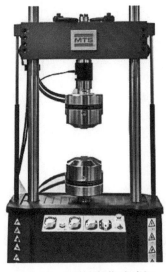

图 3-33　MTS 疲劳试验机

加载方案　　　　　　　　　　　　　　　　　　　　　表 3-9

加载制度	加载方案	控制方式	加载速率
高应力反复加载	$0 \to 0.9f_{yk} \to -0.5f_{yk} \to$ 循环 20 次 $\to$ 单向拉伸直至破坏	力控制	1kN/s
大变形反复加载	$0 \to 2\varepsilon_{byk} \to -0.5f_{yk} \to$ 循环 4 次 $\to 0 \to 5\varepsilon_{byk} \to$ $-0.5f_{yk} \to$ 循环 4 次 $\to$ 单向拉伸直至破坏	力控制、位移控制	屈服前 1kN/s；屈服后 5mm/min

3.6.2　试验现象及结果

钢筋套筒灌浆连接试件在不同循环荷载（高应力反复拉压荷载和大变形反复拉压荷载）下的破坏形态主要有钢筋拉断和钢筋拔出两种（图 3-34）。在拔出破坏的情况下，灌浆料发生剪切破坏，破坏面呈倒锥形，如图 3-34（c）和（d）所示。所有试件的破坏形态、承载力、粘结应力、钢筋滑移、套筒应变等数据见表 3-10。表中，试件编号格式为"X-Y-Z"，其中"X"表示加载方式（"GYL"代表高应力反复加载，"DBX"代表大变形反复加载）；"Y"表示升温最高温度；"Z"表示试件组号。

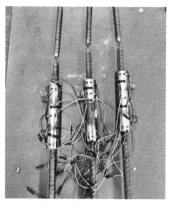

（a）钢筋拉断破坏　　　　　　　　（b）钢筋拔出破坏

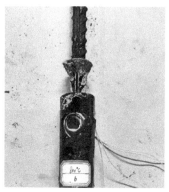

（c）拔出破坏面 1　　　　　　　　（d）拔出破坏面 2

图 3-34　试件破坏形式

试件加载试验数据　　　　　　　　　　　　　　　　表 3-10

试件编号	破坏方式	极限荷载 （MPa）	极限强度 （MPa）	极限粘结应力 （MPa）	峰值滑移 （mm）	伸长率 （%）
GYL-20-1	拉断	91.59	594.98	18.59	0.415	14.45
GYL-20-2	拉断	94.78	615.70	19.24	0.622	12.67
GYL-20-3	拉断	95.44	619.99	19.37	0.826	13.45
GYL-200-1	拉断	94.30	612.58	19.14	1.072	12.25
GYL-200-2	拉断	92.28	599.46	18.73	0.881	8.95
GYL-200-3	拉断	91.90	596.9	18.65	0.815	8.28
GYL-400-1	拉断	95.31	619.15	19.35	3.626	9.38

试件编号	破坏方式	极限荷载（MPa）	极限强度（MPa）	极限粘结应力（MPa）	峰值滑移（mm）	伸长率（%）
GYL-400-2	拉断	92.28	599.46	18.73	3.147	8.78
GYL-400-3	拉断	91.39	593.68	18.55	2.899	8.95
GYL-600-1	拔出	90.70	589.20	18.41	3.145	7.50
GYL-600-2	拔出	88.74	576.47	18.01	2.910	6.33
GYL-600-3	拔出	86.70	563.21	17.6	2.511	4.85
GYL-800-1	拔出	82.38	535.15	16.72	3.973	3.83
GYL-800-2	拔出	82.71	537.29	16.79	3.527	5.63
GYL-800-3	拔出	79.22	514.62	16.08	2.331	4.45
DBX-20-1	拉断	94.22	612.06	19.13	1.037	16.85
DBX-20-2	拉断	93.35	606.41	18.95	1.462	15.23
DBX-20-3	拉断	92.19	598.88	18.71	1.002	14.60
DBX-200-1	拉断	91.18	592.31	18.51	1.208	13.78
DBX-200-2	拉断	89.92	584.13	18.25	1.103	12.15
DBX-200-3	拉断	92.86	603.23	18.85	1.724	14.36
DBX-400-1	拉断	92.18	598.81	18.71	3.158	13.31
DBX-400-2	拉断	89.76	583.09	18.22	2.974	13.28
DBX-400-3	拔出	84.81	550.94	17.22	2.466	7.35
DBX-600-1	拔出	77.19	501.44	15.67	3.112	4.68
DBX-600-2	拔出	77.48	503.32	15.73	3.874	5.86
DBX-600-3	拔出	79.72	517.87	16.18	3.140	5.25
DBX-800-1	拔出	72.49	470.90	14.72	4.985	3.36
DBX-800-2	拔出	70.69	459.21	14.35	3.227	2.05
DBX-800-3	失稳破坏	—	—	—	—	—

注：表中的峰值滑移为试件达到极限荷载时钢筋与灌浆料之间的滑移量。

3.6.3 高应力反复加载试验结果分析

1. 抗拉强度分析

根据表 3-10 中高应力反复加载的试验数据，绘制了不同温度下的荷载－位移曲线如图 3-35 所示，其中右边的图例为循环加载阶段曲线局部放大后的详图。可以看出，试件在循环加载过程中的荷载－位移滞回曲线有明显的"捏拢"现象，随着最高温度的提高,捏拢现象越来越明显。在力控制的高应力反复加载条件下,试件在拉压循环过程中的正向及负向最大位移随温度的升高而增加,从室温到 800℃,试件拉伸产生的最大正向位移分别为 1.28mm、1.3mm、1.45mm、1.75mm 和 1.48mm;压缩过程中的最大负向位移依次为 −0.31mm、−0.35mm、−0.38mm、−0.37mm 和 −0.49mm。

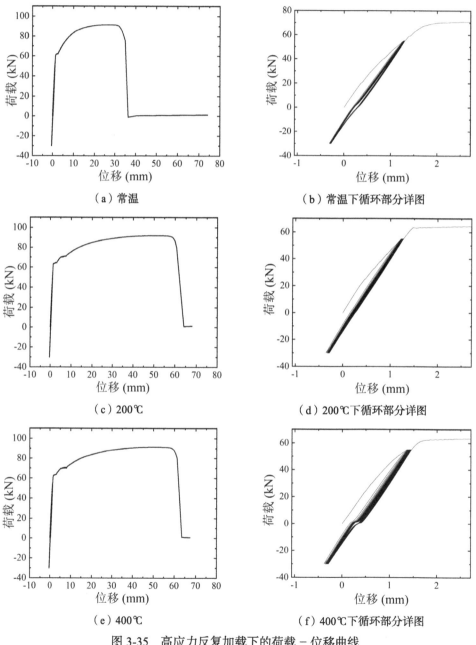

（a）常温　　　　　　　　　　（b）常温下循环部分详图

（c）200℃　　　　　　　　　　（d）200℃下循环部分详图

（e）400℃　　　　　　　　　　（f）400℃下循环部分详图

图 3-35　高应力反复加载下的荷载－位移曲线

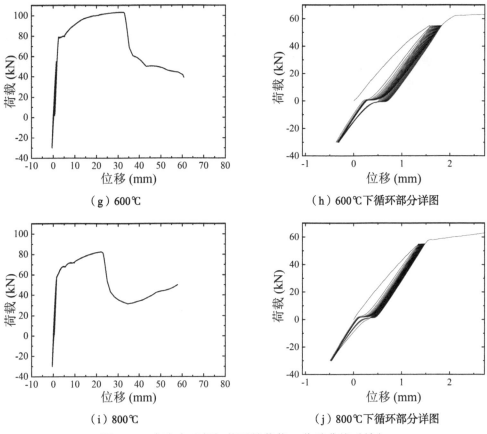

（g）600℃　　　　　　　　　（h）600℃下循环部分详图

（i）800℃　　　　　　　　　（j）800℃下循环部分详图

图 3-35　高应力反复加载下的荷载－位移曲线（续）

图 3-36 给出了五种不同温度下的试件极限抗拉强度的对比情况。结果显示，经历高应力反复拉压加载的半灌浆套筒试件的抗拉强度随着温度升高而降低，200℃、400℃、600℃、800℃时的抗拉强度分别为常温下的 98.82%、97.76%、94.44%、86.69%。

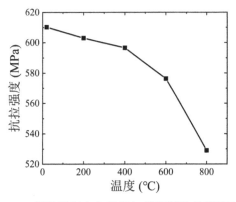

图 3-36　高温后高应力反复加载极限抗拉强度对比

《钢筋套筒灌浆连接应用技术规程》JGJ 355—2015 规定，套筒接头的抗拉强度不小于被连接钢筋抗拉强度实测值与 1.15 倍被连接钢筋抗拉强度标准值两者当中的较小值，且破坏时应断于接头外钢筋。在 400℃以下，经过高应力反复加载的试件均能满足强度要求。然而在 600℃和 800℃时，因试件的钢筋出现拔出破坏，实测抗拉强度值与钢筋抗拉强度标准值的比值分别为 1.07 和 0.98，已经不符合规范要求。

2. 粘结性能分析

图 3-37 为试验获得的高应力反复加载下半灌浆套筒连接试件中钢筋与灌浆料之间的极限粘结应力随温度变化关系图。在 400℃以下，试件发生钢筋拉断破坏，钢筋与灌浆料之间的粘结应力未达到粘结强度极限。当温度升至 600℃及以上时，试件的破坏形态转变为钢筋拔出，极限粘结应力等于该温度下套筒灌浆连接中钢筋与灌浆料的粘结强度。从图 3-37 中可以明显看出，在 600℃之后，粘结强度随着温度的升高而快速降低。

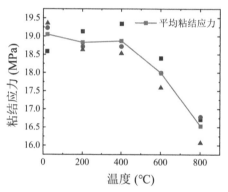

图 3-37 高温后高应力反复加载下极限粘结应力变化

根据表 3-10 的数据，采用式（3-12）计算高温后不同温度下套筒灌浆连接在高应力反复加载时的 k 值，计算结果见表 3-11。

不同温度下高应力反复加载时的 k 值 表 3-11

试件编号	加热温度（℃）	粘结应力（MPa）	灌浆料强度（MPa）	k 值
GYL-20-1	室温	18.59		1.860
GYL-20-2	室温	19.24	99.87	1.925
GYL-20-3	室温	19.37		1.938
GYL-200-1	200	19.14		2.065
GYL-200-2	200	18.73	85.95	2.020
GYL-200-3	200	18.65		2.012

续表

试件编号	加热温度（℃）	粘结应力（MPa）	灌浆料强度（MPa）	k 值
GYL-400-1	400	19.35		2.256
GYL-400-2	400	18.73	73.54	2.184
GYL-400-3	400	18.55		2.163
GYL-600-1	600	18.41		2.356
GYL-600-2	600	18.01	61.08	2.304
GYL-600-3	600	17.60		2.252
GYL-800-1	800	16.72		2.615
GYL-800-2	800	16.79	40.89	2.626
GYL-800-3	800	16.08		2.515

通过数据回归拟合 k 值与温度 T（℃）的关系如图 3-38 所示。图中曲线表达式如下：

$$k(T) = 6.8378 \times 10^{-7}(T-20)^2 + 3.2557 \times 10^{-4}(T-20) + 1.9212$$

$$(3-13)$$

式中，T 为高温后曾经经历的升温最高温度。根据式（3-12）和式（3-13）可以得到高温后高应力反复荷载作用下半灌浆套筒钢筋与灌浆料之间最大粘结应力 τ_u 的表达式：

$$\tau_u = \left[6.8378 \times 10^{-7}(T-20)^2 + 3.2557 \times 10^{-4}(T-20) + 1.9212 \right] \sqrt{f_c^T}$$

$$(3-14)$$

式中，f_c^T 为灌浆料标准试块经历最高温度 T 后的抗压强度。

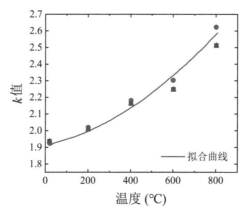

图 3-38　高应力反复荷载下 k 值与温度的关系

图 3-39（a）为高应力反复拉压试验测得的粘结应力－滑移骨架曲线（τ-s）。从图中看出，在 20 次高应力循环荷载后，套筒灌浆连接试件骨架曲线的形状与单调加载时的曲线形状大致相同。常温、200℃、400℃时，试件破坏形态均为钢筋拉断破坏，τ-s 曲线表现为粘结应力随滑移量增大先上升后下降。加载初期，试件处于弹性阶段，τ-s 曲线近似线性；当荷载增加到一定值后，灌浆料内部出现裂缝，同时钢筋肋前的灌浆料被挤压破碎，滑移增速加快；随后钢筋被拉断，粘结应力下降而对应的滑移量相对较小。在 600℃和 800℃时，试件的破坏形态转为钢筋拔出，τ-s 曲线主要分为三个阶段：粘结应力随滑移量的增大经历上升、下降和稳定阶段。加载初期，钢筋与灌浆料之间的滑移量增长较为缓慢；随后滑移增长加快，粘结应力到达峰值；继续加载，钢筋从套筒中缓缓拔出，粘结应力下降并稳定在某一数值。

图 3-39（b）为经过高应力反复荷载并拉伸至峰值荷载时套筒灌浆连接试件对应的滑移量（峰值滑移）与温度之间的变化关系图。从图中可以看出，在 400℃以前，随着温度的升高，由于滑移刚度减小，钢筋与灌浆料之间的峰值滑移增大。当温度超过 400℃后，灌浆料高温后的强度损失严重，试件能承受的荷载降低，破坏形态由钢筋拉断转变为钢筋从套筒中拔出，钢筋与灌浆料之间的峰值滑移随温度升高变化不大。总体看来，与高温后单调加载相比，高应力反复加载后试件极限平均粘结应力有所下降，而峰值滑移有所增大。

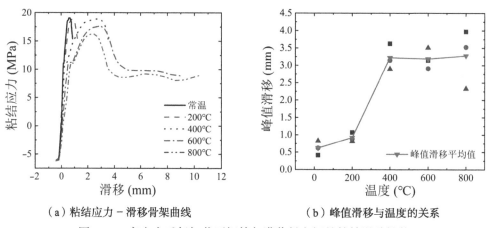

（a）粘结应力－滑移骨架曲线　　　　（b）峰值滑移与温度的关系

图 3-39　高应力反复加载下钢筋与灌浆料之间的粘结滑移性能

3. 套筒应变分析

试验测得了高温后高应力反复加载条件下钢筋套筒灌浆连接套筒外壁的纵向和环向应变，应变片的布置见图 3-25。图 3-40 为最后一个循环加载时套筒外壁应变随荷载变化的情况。总体来看，套筒的纵向与环向应变在加载阶段小于钢材屈服应变，套筒处于弹性阶段。对比图 3-26 单调荷载下应变随荷载变化图可以看出，经过循环拉压后，同一荷载下套筒的应变相比单调加载时有所减小，这是由于反复加载使钢筋与灌浆料间平均粘结应力减小，传递给套筒的纵向力减弱，套筒壁的应变减小。

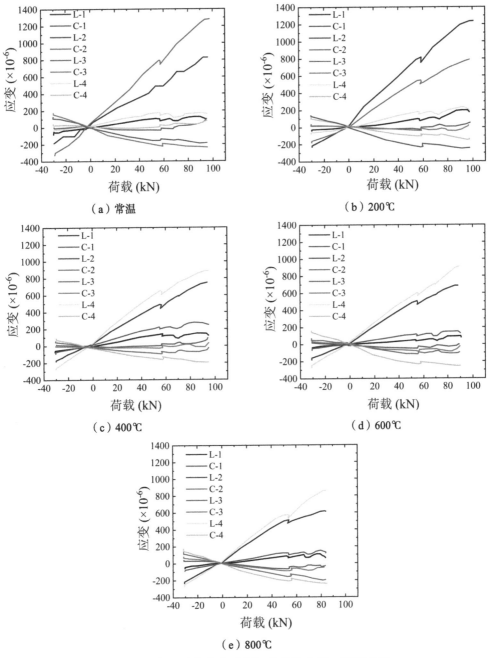

图 3-40　高温后高应力反复加载下的应变－荷载曲线

图 3-41 为高温后高应力反复拉压时套筒外壁的最大应变随测点位置的变化情况。从图中可以看出，在套筒灌浆段部分，随着锚固位置从端点向内部延伸，套筒的纵向和环向应变均呈现增大趋势。对于套筒两个端点，螺纹端应变略大于灌浆端应变。此外，不同高温温度后的试件在高应力反复荷载下，套筒不同位置的最大纵向应变均发生变化。当温度小于 400℃时，套筒的纵向应变随着温度的提高而减小；但当温度超过 400℃后，试件的破坏形态由钢筋拉断转为钢筋拔出，套筒最大应变总体保持稳定。在高应力反复拉压作用下，半灌浆套筒连接件的套筒外壁纵向变形一般不超过 1.2×10^{-3}，环向变形一般不超过 0.35×10^{-3}，比单调加载时的应变略有减小。

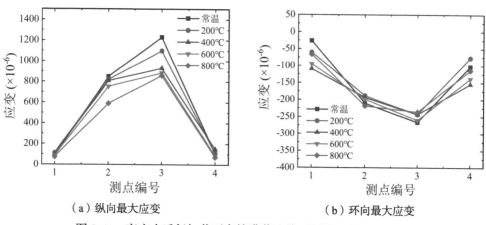

（a）纵向最大应变　　　　　　　（b）环向最大应变

图 3-41　高应力反复加载下套筒灌浆连接不同位置的最大应变

3.6.4　大变形反复加载试验结果分析

1. 抗拉强度分析

表 3-11 大变形反复加载试验结果显示，当温度小于 400℃时，高温后大变形反复加载试件以钢筋拉断破坏为主；温度达到 600℃后，试件的破坏形式转变为钢筋拔出。其中试件 DBX-800-3 发生钢筋失稳破坏，这是由于在经历 800℃高温后，灌浆料强度严重退化，难以对其内部钢筋提供良好约束，导致钢筋在压缩过程中出现侧向偏移而产生失稳破坏。

图 3-42 为五种不同温度下的荷载－位移曲线，其中右侧为循环加载部分的曲线局部放大详图。从图 3-42 中可以看到，荷载－位移滞回曲线有明显的捏拢现象，且捏拢程度相较高应力反复加载更为明显。这表明在大变形反复拉压过程中，半套筒灌浆试件中的钢筋与灌浆料之间的滑移相比于高应力反复拉压时更为显著。大变形反复

加载通过钢筋应变控制，循环荷载上、下限随最高温度的变化而不同，随着温度的升高，循环荷载的上、下限均有所降低。

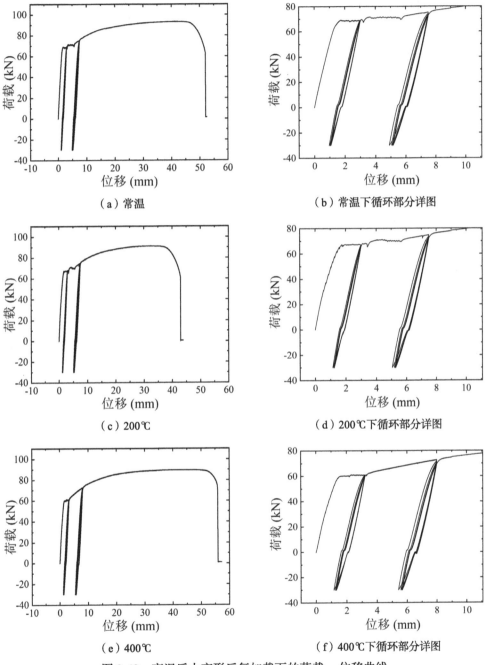

图 3-42 高温后大变形反复加载下的荷载－位移曲线

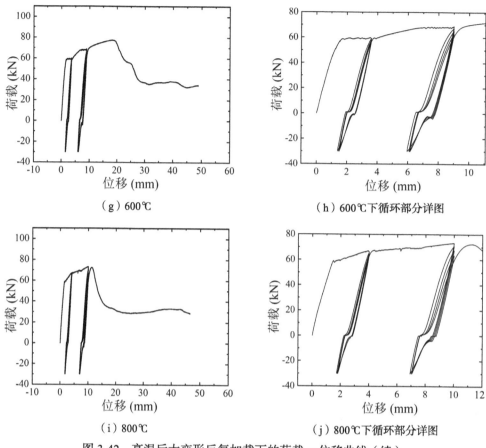

（g）600℃

（h）600℃下循环部分详图

（i）800℃

（j）800℃下循环部分详图

图 3-42　高温后大变形反复加载下的荷载－位移曲线（续）

图 3-43 为五种不同温度的荷载－位移曲线及抗拉强度对比图。从图 3-43 可以发现，试件在大变形反复拉压下的极限抗拉强度随着温度的升高而降低，温度不超过 400℃时降低速率较为平缓；温度超过 400℃后，由于钢筋与灌浆料之间的粘结力退化加重导致试件的抗拉强度也急剧下降。200℃、400℃、600℃、800℃试件的极限抗拉强度分别为常温下的 97.67%、96.15%、83.00%、77.65%，较相同温度条件下高应力反复荷载下的极限抗拉强度对应值略小。

2. 粘结性能分析

图 3-44 为不同高温温度后大变形反复加载的半灌浆套筒连接试件中，钢筋与灌浆料之间的极限平均粘结应力变化图。图中显示，随着升温最高温度的提高，粘结应力逐渐降低，其中温度高于 400℃以后，粘结应力降低的速度加快。

根据表 3-10 的数据，采用式（3-12）计算高温后不同温度下套筒灌浆连接经历大变形反复拉压时的 k 值，计算结果见表 3-12。

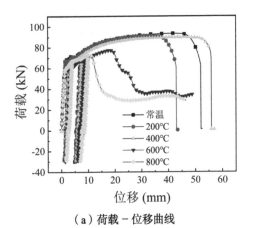

（a）荷载－位移曲线

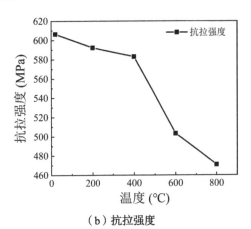

（b）抗拉强度

图 3-43 高温后大变形反复加载下的荷载－位移曲线及抗拉强度对比

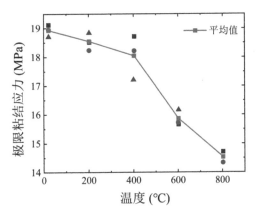

图 3-44 高温后大变形反复加载下的极限粘结应力

高温后大变形反复拉压时的 k 值　　　　　　　　表 3-12

试件编号	加热温度（℃）	极限粘结应力（MPa）	灌浆料强度（MPa）	k 值
DBX-20-1	室温	19.13		1.914
DBX-20-2	室温	18.95	99.87	1.896
DBX-20-3	室温	18.71		1.872
DBX-200-1	200	18.51		1.997
DBX-200-2	200	18.25	85.95	1.969
DBX-200-3	200	18.85		2.033
DBX-400-1	400	18.71		2.182
DBX-400-2	400	18.22	73.54	2.125
DBX-400-3	400	17.22		2.008

续表

试件编号	加热温度（℃）	极限粘结应力（MPa）	灌浆料强度（MPa）	k 值
DBX-600-1	600	15.67		2.005
DBX-600-2	600	15.73	61.08	2.013
DBX-600-3	600	16.18		2.070
DBX-800-1	800	14.72		2.302
DBX-800-2	800	14.35	40.89	2.244
DBX-800-3	800	—		—

图 3-45 为不同温度下 k 值的散点图和拟合曲线，曲线回归表达式如下：

$$k(T) = 1.1019 \times 10^{-7} (T-20)^2 + 3.0902 \times 10^{-4} (T-20) + 1.9287$$

（3-15）

式中，T 为高温后曾经经历的升温最高温度。根据式（3-12）和式（3-15）可以得到高温后大变形反复荷载作用下半套筒灌浆钢筋与灌浆料之间最大粘结应力 τ_u 的表达式：

$$\tau_u = \left[1.1019 \times 10^{-7} (T-20)^2 + 3.0902 \times 10^{-4} (T-20) + 1.9287 \right] \sqrt{f_c^T}$$

（3-16）

式中，f_c^T 为灌浆料标准试块经历最高温度 T 后的抗压强度。

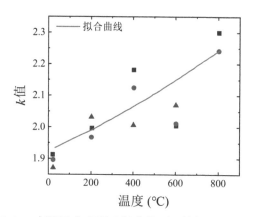

图 3-45 高温后大变形反复荷载下 k 值与温度的关系

图 3-46（a）为大变形反复拉压测得的粘结应力－滑移骨架曲线（τ-s）。从图中看出，在 8 次大变形反复拉压荷载后，套筒灌浆连接试件骨架曲线的形状与高应力反复加载时的曲线形状大致相同。常温、200℃、400℃时，粘结应力随滑移量增大先上升后下降。600℃和800℃时，粘结应力随滑移量的增大经历上升、下降和稳定阶段，

70

随着钢筋从套筒中缓缓拔出，粘结应力下降并稳定在某一数值。

图 3-46（b）为经过大变形反复加载并拉伸至峰值荷载时套筒灌浆连接试件对应的滑移量（峰值滑移）与温度之间的变化关系图。从图中可以看出，峰值滑移随温度的提高而增大，这与高应力反复拉压加载以及单调加载时的情况明显不同。

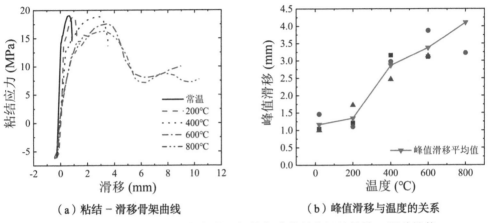

（a）粘结－滑移骨架曲线　　　　　　（b）峰值滑移与温度的关系

图 3-46　高温后大变形反复加载下钢筋与灌浆料之间的粘结－滑移性能

3. 套筒变形分析

图 3-47 为高温后套筒在大变形反复荷载下应变与荷载关系图，应变片布置见图 3-25。从图中可以看出，纵向最大应变通常不超过 1.1×10^{-3}，环向应变不超过 0.3×10^{-3}，表明套筒在加载阶段处于弹性工作状态，最大应变值相较单调荷载和高应力反复加载时对应的最大应变要小。

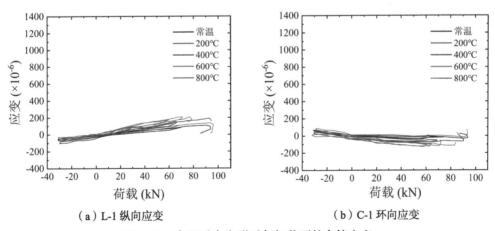

（a）L-1 纵向应变　　　　　　　（b）C-1 环向应变

图 3-47　高温后大变形反复加载下的套筒应变

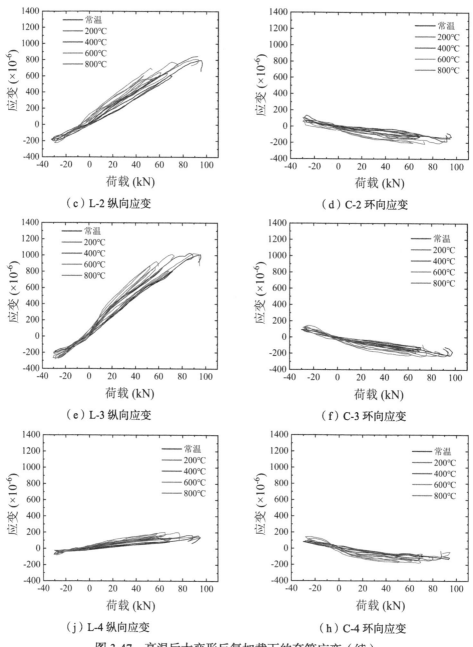

（c）L-2 纵向应变

（d）C-2 环向应变

（e）L-3 纵向应变

（f）C-3 环向应变

（j）L-4 纵向应变

（h）C-4 环向应变

图3-47　高温后大变形反复加载下的套筒应变（续）

图3-48为高温后大变形反复拉压时套筒外壁的最大应变随测点位置的变化情况。和单调加载及高应力反复加载时一样，在套筒灌浆段部分，随着锚固位置从端点向内部延伸，套筒的纵向和环向应变均呈现增大趋势。对于套筒两个端点，螺纹端应变略大于灌浆端应变。

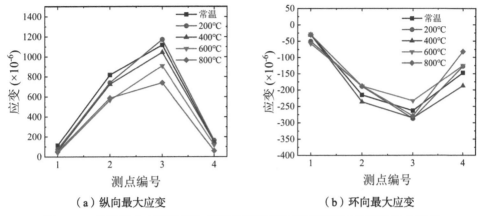

（a）纵向最大应变 （b）环向最大应变

图 3-48　高温后大变形反复加载下套筒灌浆连接试件不同位置的最大应变

3.7　混凝土保护层对套筒灌浆连接力学性能的影响

3.7.1　试验概况

1. 试件设计

考虑常温和高温后不同温度条件，设计制作了系列套筒外包裹混凝土和无包裹混凝土的钢筋套筒灌浆连接试件，同时设定 100%、80%、60% 三种不同的灌浆饱满度模拟施工灌浆缺陷，研究混凝土保护层对不同温度条件和灌浆缺陷下套筒灌浆连接力学性能的影响。为确保试验结果的可靠性，每种工况条件设置 3 个试件，合计 54 个试件。

试验采用全灌浆套筒，型号 GTQ4J 16，尺寸为 $\phi42\times320$，详见图 3-49。根据灌浆材料的产品说明，水与灌浆料的最佳质量比取为 0.12。

被连接钢筋采用 HRB400，钢筋直径为 20mm。钢筋的基本性能如表 3-13 所示。

灌浆料型号为 CGMJM-VI，设计强度 85MPa，性能指标如表 3-14 所示。

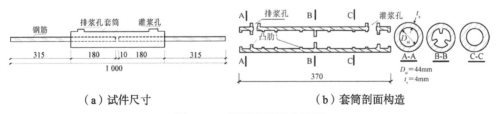

（a）试件尺寸 （b）套筒剖面构造

图 3-49　套筒灌浆尺寸详图

钢筋基本性能			表 3-13
规格	屈服强度（MPa）	抗拉强度（MPa）	弹性模量（GPa）
HRB400	460	598	196

灌浆料性能		表 3-14
指标	性能标准	检验结果
初始流动度（mm）	≥300	310
30min 流动度（mm）	≥260	275
泌水率（%）	0	0
1d 抗压强度（MPa）	≥35	36.9
3d 抗压强度（MPa）	≥60	62.7
28d 抗压强度（MPa）	≥85	91.27
3h 竖向膨胀率（%）	0.02～2	0.04
24h 与 3h 竖向膨胀率差值（%）	0.02～0.4	0.04

　　套筒外包混凝土强度等级为 C30，依据《装配式混凝土结构技术规程》JGJ 1—2014 中对构件钢筋保护层厚度的规定，将外包混凝土的尺寸设为 100mm×100mm×320mm，如图 3-50 所示。

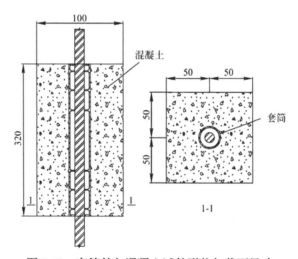

图 3-50　套筒外包混凝土试件形状与截面尺寸

2. 加热与加载方案

　　试件养护好后，置于宁波大学火灾试验室的火灾炉内（图 3-51），按照 ISO 834 标准升温曲线升温 60min，而后打开炉门，使其自然冷却。升温曲线如图 3-52 所示。

图 3-51　火灾炉

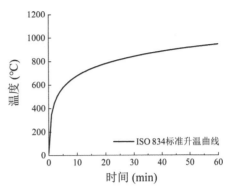

图 3-52　升温曲线

通过微机控制电液伺服万能试验机对常温下和升温冷却后的试件进行加载。加载方案见表 3-15。

试验加载方案　　　　　　　　　　　表 3-15

加载制度	加载方案	加载速率（kN/s）
单调加载	拉伸直至钢筋拉断	1
反复加载	$0 \rightarrow 0.9 f_{yk} \rightarrow 0 \rightarrow$ 循环 20 次→单向拉伸	1

3.7.2　试验现象

经历升温冷却后，外包混凝土试件的混凝土颜色由青灰色变为灰白色，如图 3-53（a）所示；没有外包混凝土试件，其套筒颜色变暗呈类似铁锈的红褐色表面出现起皮现象，如图 3-53（b）所示。从图 3-53（b）套筒灌浆口可以看到，经历高温作用后，灌浆料的颜色也由青灰色变成灰白色。

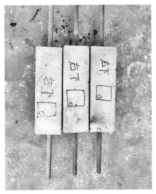
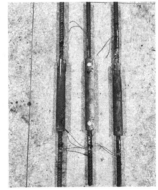

（a）外包混凝土试件　　　　（b）无外包混凝土试件

图 3-53　经历高温后的试件表面情况

　　试验结果表明，试件在单调加载和反复加载下的破坏形式主要有两种：钢筋拉断破坏和钢筋拔出破坏，典型破坏形态如图 3-54 所示。主要试验结果见表 3-16 和表 3-17。其中，"C"表示常温，"G"表示高温后；"D"表示单调加载，"X"表示循环加载；"B"表示外包混凝土，数字 100、80、60 分别表示不同的灌浆饱满度。

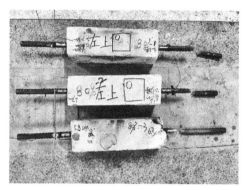

（a）外包混凝土试件的钢筋拉断破坏

（b）外包混凝土试件的钢筋拔出破坏

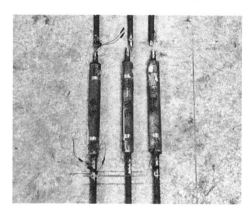

（c）无外包混凝土试件的钢筋拉断破坏

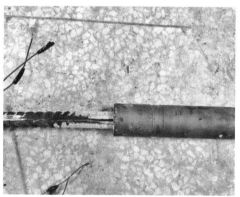

（d）无外包混凝土试件的钢筋拔出破坏

图 3-54　试件破坏形式

高温后试件加载试验结果　　　　　　　　　　表 3-16

试件编号	极限承载力（kN）	抗拉强度（MPa）	最大伸长率（%）	破坏形式
G-D-100-1	163.99	522.00	8.75	钢筋拔出
G-D-100-2	148.10	471.42	7.39	钢筋拔出
G-D-100-3	149.77	476.73	8.02	钢筋拔出
G-D-B100-1	161.62	514.45	6.75	钢筋拉断
G-D-B100-2	166.57	530.30	7.79	钢筋拉断
G-D-B100-3	154.02	490.26	8.02	钢筋拉断

续表

试件编号	极限承载力（kN）	抗拉强度（MPa）	最大伸长率（%）	破坏形式
G-D-80-1	146.34	465.81	6.85	钢筋拔出
G-D-80-2	151.05	480.81	8.05	钢筋拔出
G-D-80-3	141.87	451.59	5.82	钢筋拔出
G-D-B80-1	160.5	510.89	7.42	钢筋拉断
G-D-B80-2	160.65	511.36	7.50	钢筋拉断
G-D-B80-3	154.21	490.86	7.81	钢筋拉断
G-D-60-1	44.35	141.17	2.32	钢筋拔出
G-D-60-2	49.62	157.95	2.50	钢筋拔出
G-D-60-3	45.56	145.02	2.25	钢筋拔出
G-D-B60-1	49.61	157.93	3.32	钢筋拔出
G-D-B60-2	64.19	204.32	2.77	钢筋拔出
G-D-B60-3	55.53	176.75	2.56	钢筋拔出
G-X-100-1	149.28	475.16	4.35	钢筋拉断
G-X-100-2	131.62	418.96	5.78	钢筋拉断
G-X-100-3	140.79	448.15	5.59	钢筋拉断
G-X-B100-1	158.529	504.613	5.75	钢筋拉断
G-X-B100-2	158.246	503.713	5.79	钢筋拉断
G-X-B100-3	156.872	499.339	5.98	钢筋拉断
G-X-B80-1	159.382	510.887	7.13	钢筋拉断
G-X-B80-2	157.948	502.764	7.45	钢筋拉断
G-X-B80-3	160.671	511.431	6.85	钢筋拉断
G-X-B60-1	—	—	—	—
G-X-B60-2	—	—	—	—
G-X-B60-3	—	—	—	—

常温下对照组试件试验结果 表3-17

试件编号	极限承载力（kN）	抗拉强度（MPa）	最大伸长率（%）	破坏形式
C-D-100-1	192.58	613.01	13.69	钢筋拉断
C-D-100-2	203.89	649.00	13.31	钢筋拉断
C-D-100-3	193.21	615.01	12.66	钢筋拉断
C-D-B100-1	191.95	610.10	10.31	钢筋拉断

续表

试件编号	极限承载力（kN）	抗拉强度（MPa）	最大伸长率（%）	破坏形式
C-D-B100-2	190.38	605.10	11.45	钢筋拉断
C-D-B100-3	195.30	621.66	12.81	钢筋拉断
C-D-80-1	195.06	620.90	8.32	钢筋拉断
C-D-80-2	188.70	600.65	12.77	钢筋拉断
C-D-80-3	185.04	589.00	11.56	钢筋拉断
C-D-B80-1	182.70	581.55	10.30	钢筋拉断
C-D-B80-2	193.52	615.99	10.42	钢筋拉断
C-D-B80-3	188.62	600.40	12.29	钢筋拉断
C-D-60-1	158.65	505.00	3.14	钢筋拔出
C-D-60-2	151.42	481.99	4.26	钢筋拔出
C-D-60-3	152.90	486.70	2.25	钢筋拔出
C-D-B60-1	155.38	494.59	3.87	钢筋拔出
C-D-B60-2	161.42	513.82	4.11	钢筋拔出
C-D-B60-3	149.89	477.11	2.92	钢筋拔出
C-X-100-1	191.35	603.06	7.85	钢筋拉断
C-X-100-2	204.87	645.67	8.50	钢筋拉断
C-X-100-3	201.32	634.48	7.92	钢筋拉断
C-X-B100-1	197.95	623.86	7.10	钢筋拉断
C-X-B100-2	193.58	610.08	8.89	钢筋拉断
C-X-B100-3	195.98	617.65	6.87	钢筋拉断

3.7.3 试验结果分析

1. 灌浆饱满度对外包混凝土钢筋套筒灌浆连接力学性能的影响

灌浆饱满度对外包混凝土的钢筋套筒灌浆连接件的力学性能有显著影响，无论常温下还是高温后，随着灌浆饱满度的降低，试件能承受极限荷载下降。选取常温下和高温后三种不同灌浆饱满度的试件，绘制外包混凝土的钢筋套筒灌浆连接荷载－位移曲线如图 3-55 所示。从图 3-55 中可以看出，随着灌浆饱满度的降低，试件的抗拉承载力和变形能力均下降。图 3-56 显示，温度对试件的抗拉承载力有重要影响，灌浆饱满度为 100%、80%、60% 时，高温后其抗拉强度分别为常温下的 83.57%、84.16%、36.28%，灌浆缺陷越大，温度对试件承载力的影响程度越高。

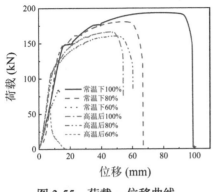

图 3-55 荷载－位移曲线

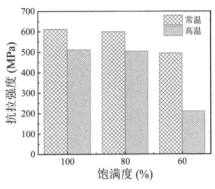

图 3-56 抗拉强度

根据《钢筋套筒灌浆连接应用技术规程》JGJ 355—2015，钢筋套筒灌浆连接接头的屈服强度不应小于被连接钢筋屈服强度标准值，抗拉强度不应小于被连接钢筋抗拉强度标准值，且破坏时应断于接头外钢筋。本次试验采用 HRB400 钢筋，其抗拉强度标准值为 540MPa。表 3-17 中的数据显示，常温下当灌浆饱满度超过 80% 时，试件的破坏模式为钢筋拉断，且极限抗拉强度超过钢筋的抗拉强度标准值，因此总体符合强度要求。然而，饱满度降至 60% 后，钢筋被拔出，试件强度不再符合要求。表 3-16 中数据显示，按照 ISO 834 标准升温曲线升温 60min 后，无论灌浆饱满度为100% 还是 60%，其极限抗拉强度均达不到 540MPa，因此，所有试件的强度均满足不了设计要求。

2. 外包混凝土对常温下套筒灌浆连接力学性能的影响

常温不同灌浆饱满度下套筒灌浆连接试件的荷载－位移曲线见图 3-57。从图 3-57看出，外包混凝土保护层对套筒灌浆连接屈服强度、抗拉强度影响不大，但使极限变形能力略减小。

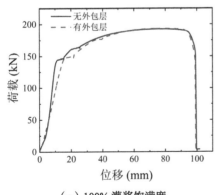

（a）100% 灌浆饱满度

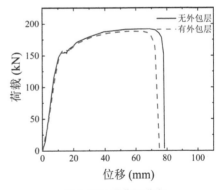

（b）80% 灌浆饱满度

图 3-57 常温下外包和无外包混凝土试件荷载－位移曲线对比

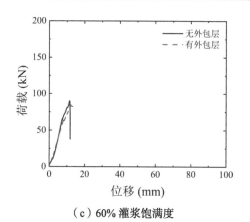

（c）60% 灌浆饱满度

图 3-57　常温下外包和无外包混凝土试件荷载－位移曲线对比（续）

3. 外包混凝土对高温后套筒灌浆连接的力学性能影响

高温后不同灌浆饱满度下套筒灌浆连接试件的荷载－位移曲线见图 3-58。从图 3-58 看出，外包混凝土保护层对高温后套筒灌浆连接力学性能有重要影响。外包混凝土后，试件强度提高，变形能力下降。经历 ISO 834 标准升温曲线升温 60min 后，灌浆饱满度 100%、80%、60% 外包混凝土试件的抗拉强度分别达无外包混凝土试件的 111.12%、110.57%、114.26%。

4. 循环加载下混凝土外包层对套筒灌浆连接件的影响

图 3-59 为外包混凝土套筒灌浆连接试件在单调荷载和循环荷载下的荷载 - 位移曲线对比。从图 3-59 可以看出，常温下循环加载试件的承载力和变形能力与单调加载试件的承载力和变形能力相当；而高温后，循环加载试件的承载力较单调加载试件的承载力降低，变形能力较单调加载试件的变形能力增大。

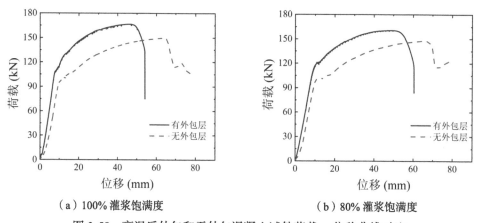

（a）100% 灌浆饱满度　　　　　　　　（b）80% 灌浆饱满度

图 3-58　高温后外包和无外包混凝土试件荷载－位移曲线对比

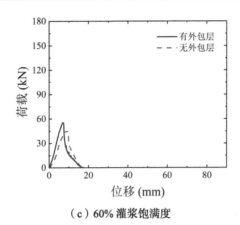

（c）60% 灌浆饱满度

图 3-58　高温后外包和无外包混凝土试件荷载－位移曲线对比（续）

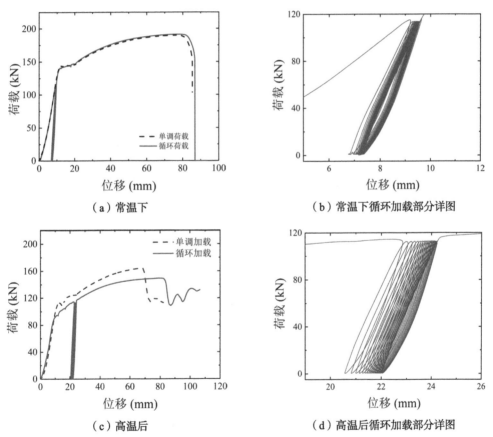

（a）常温下　　　　　　　　　　　　（b）常温下循环加载部分详图

（c）高温后　　　　　　　　　　　　（d）高温后循环加载部分详图

图 3-59　不同加载条件下外包混凝土套筒关键连接试件荷载－位移曲线对比

图 3-60 为在循环荷载下有外包混凝土保护层和无外包混凝土保护层试件的荷载－位移曲线对比情况。从图 3-60 可以看出，不管是常温下还是高温后，循环加载后，

外包混凝土试件的极限承载力与无外包混凝土试件极限承载力相差不大,但极限变形能力大幅下降。这是因为灌浆饱满时,不管有没有外包混凝土,试件均发生钢筋拉断破坏,其承载力总体上由钢筋强度决定;然而外包混凝土试件的刚度较无外包混凝土试件增大,破坏时的极限变形能力减弱。

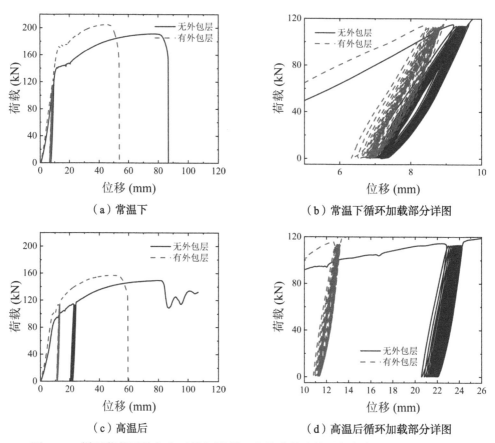

图 3-60　循环荷载下外包和无外包混凝土套筒灌浆连接试件荷载－位移曲线对比

3.8　本章小结

通过试验研究了钢筋套筒灌浆连接常温、火灾高温及高温后的力学性能,探索混凝土保护层对钢筋套筒灌浆连接受力性能的影响,得出以下主要结论:

(1)灌浆饱满度对钢筋套筒灌浆连接力学性能有重要影响,考虑在工程现场中可能存在其他不利的施工情况,钢筋套筒灌浆连接的灌浆饱满度应保持在 90% 及以上。

(2)高温单调拉伸下套筒灌浆的破坏模式主要为钢筋拉断和钢筋拔出。400℃时钢筋通常在套筒外拉断，600℃后钢筋从套筒内拔出，400℃大概为两种不同破坏形态的转变温度。破坏前套筒始终处于弹性工作状态。

（3）不同温度条件下，套筒灌浆连接试件在单调拉伸、高应力反复拉压、大变形反复拉压时的极限抗拉强度不同，单调拉伸时的抗拉强度最高，其次是高应力反复拉压，大变形反复拉压时抗拉强度最小。

（4）外包混凝土对常温下套筒灌浆连接力学性能影响较小，对高温后套筒灌浆连接力学性能影响较大。外包混凝土后，试件强度提高，变形能力下降。

第 4 章

套筒灌浆连接装配式
混凝土柱受力性能

4.1 引　言

套筒灌浆连接良好的力学性能使其在装配式混凝土结构中应用广泛，如套筒灌浆连接装配式混凝土柱。由于构造不同，套筒灌浆连接装配式混凝土柱火灾下及灾后的受力性能与现浇混凝土柱可能存在差异。

本章主要介绍常温及火灾后套筒灌浆连接装配式混凝土柱的受力性能。首先通过试验研究受火时间、轴压比等参数对套筒灌浆连接装配式混凝土柱抗震性能的影响，获得试件承载力、滞回特性、延性、耗能能力等试验数据。然后建立套筒灌浆连接装配式混凝土柱有限元模型，对常温及火灾后套筒灌浆连接装配式混凝土柱的受力性能进行模拟分析，探索受火时间、混凝土强度、轴压比、剪跨比等参数对火灾后套筒灌浆连接装配式混凝土柱抗震性能的影响，建立火灾后套筒灌浆连接装配式混凝土柱承载力评估方法。

4.2 套筒灌浆连接装配式混凝土柱抗震性能试验研究

4.2.1 试验概况

1. 试件设计

设计 5 个套筒灌浆连接装配式钢筋混凝土柱，1 个现浇钢筋混凝土柱。设计参数包括受火时间、轴压比。试件编号与具体参数详见表 4-1。

试件主要参数　　　　　　　　　　　　　　表 4-1

试件编号	试件受火情况	轴压力（kN）	λ	箍筋配置	
				加密区	非加密区
GSRC-1	不受火	870（$n = 0.3$）	2.5	$\Phi10@80$	$\Phi10@120$
GSRCF-1	受火 60min	290（$n = 0.1$）	2.5	$\Phi10@80$	$\Phi10@120$
GSRCF-2	受火 60min	870（$n = 0.3$）	2.5	$\Phi10@80$	$\Phi10@120$
GSRCF-3	受火 97min	870（$n = 0.1$）	2.5	$\Phi10@80$	$\Phi10@120$
GSRCF-4	受火 97min	290（$n = 0.3$）	2.5	$\Phi10@80$	$\Phi10@120$
RCF-1	受火 97min	870（$n = 0.3$）	2.5	$\Phi10@80$	$\Phi10@120$

注：n 表示试验轴压比，λ 表示试件的剪跨比。设置受火时间为 60min 是因为考虑到工程实际火灾延续时间超过 60min 的占比仅为 19%，存在普适性；设置受火时间为 97min 是因为该时长接近试件的耐火极限，验证特殊性。

所有试件的柱身截面尺寸均为 300mm×300mm，采用 C40 混凝土浇筑，纵向钢筋为 8 根直径 18mm 的 HRB400 级钢筋，箍筋为直径 10mm 的 HRB400 级钢筋。柱身两端 500mm 区域设置箍筋加密区。试件尺寸如图 4-1 所示，配筋情况如图 4-2 所示。其中，纵筋的配筋率为 2.27%，体积配箍率为 1.13%，混凝土保护层厚度为 35mm。试验采用全灌浆套筒，型号 GTJQ4-18，套筒尺寸见图 4-3。灌浆料设计强度为 80MPa。

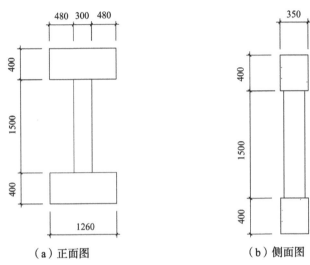

（a）正面图   （b）侧面图

图 4-1 试件尺寸设计图

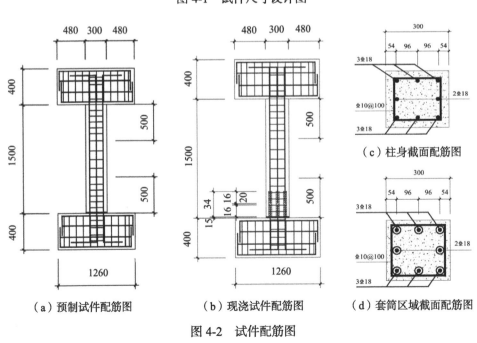

（a）预制试件配筋图   （b）现浇试件配筋图   （c）柱身截面配筋图

（d）套筒区域截面配筋图

图 4-2 试件配筋图

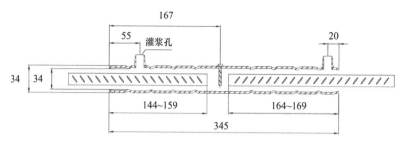

图 4-3　套筒尺寸详图

2. 试件制作

试件制作、养护、安装在宁波某公司装配式构件生产车间内完成。试件制作主要包括以下几个步骤：

（1）钢筋笼绑扎。根据设计图纸绑扎钢筋笼、固定套筒和热电偶位置，如图 4-4 所示。所有试件钢筋源自同一批次，绑扎好钢筋笼后，预留一定数量的钢筋用于材料性能试验。

（a）预制试件钢筋笼的绑扎　　　（b）热电偶的绑扎　　　（c）现浇试件钢筋笼的绑扎

图 4-4　钢筋笼绑扎

（2）混凝土浇筑。为减少模具在浇筑混凝土过程中的形变确保试件尺寸精度，采用钢模具制作试件，同时使用 PVC 管预留灌浆孔洞。浇筑试件的混凝土来自同一批次，浇筑试件的同时，制作 6 组 36 个 100mm×100mm×100mm 的立方体试块，用于测定混凝土材料性能。混凝土浇筑过程见图 4-5。

（3）试件安装。试件浇筑 72h 具备一定强度后，脱模养护。养护 28d 后，进行安装。安装时注意保证精度，确保试件柱身与底座之间的偏差在 ±2mm 以内，同时用斜撑紧固，确保试件稳定。最后用坐浆料封堵柱身与底座空隙，如图 4-6 所示。

（4）灌浆与养护。待坐浆料强度满足要求后，进行套筒灌浆。灌浆料来自同一批次，灌浆施工的同时预留 6 组 18 个 40mm×40mm×160mm 的棱柱体试块，用于灌浆料材性试验。灌浆完成后进行整体养护，如图 4-7 所示。

（a）钢筋笼入模具　　　　　　　　　　（b）混凝土浇筑

图 4-5　模具内定位及混凝土浇筑

（a）试件吊装　　　　　（b）确保安装精度　　　　（c）坐浆料封堵

图 4-6　试件安装及坐浆料封堵

（a）套筒灌浆作业　　　　　　　　　（b）试件整体养护

图 4-7　套筒灌浆及后续养护

3. 材料属性

（1）混凝土

按照《混凝土物理力学性能试验方法标准》GB/T 50081—2019 对常温及火灾后与试件同等升温条件下的混凝土试块进行如图 4-8 所示的抗压强度测试，测试结果见表 4-2。从表 4-2 中可以看出，火灾后混凝土立方体试块的抗压强度降低，受火时间越长，抗压强度降低越多。

图 4-8 混凝土立方体抗压强度试验

混凝土抗压强度试验结果 表 4-2

试件名称	未受火试块		受火后试块	
	抗压强度（MPa）	平均强度（MPa）	抗压强度（MPa）	平均强度（MPa）
GSRC-1	39.24	47.82	—	—
	48.64		—	
	50.26		—	
	53.20		—	
	48.26		—	
	47.30		—	
GSRCF-1	48.07	48.83	36.10	36.32
	49.97		35.34	
	48.45		37.53	
GSRCF-2	48.64	47.95	29.45	30.75
	48.17		32.21	
	47.03		30.59	

试件名称	未受火试块		受火后试块	
	抗压强度（MPa）	平均强度（MPa）	抗压强度（MPa）	平均强度（MPa）
GSRCF-3	50.07	48.36	15.11	15.81
	46.93		16.44	
	48.07		15.87	
GSRCF-4	48.64	51.78	20.33	21.47
	53.11		21.38	
	53.58		22.71	
RCF-1	39.81	43.36	17.20	18.78
	42.47		21.28	
	47.79		17.86	

（2）钢筋

按照《钢筋混凝土用钢材试验方法》GB/T 28900—2022对留样钢筋进行拉伸试验，试验结果见表4-3。

钢筋拉伸试验结果　　　　　　　　　　　　表4-3

钢筋直径（mm）	屈服强度（MPa）	平均屈服强度（MPa）	抗拉强度（MPa）	平均抗拉强度（MPa）
10	495.54	477.08	728.80	697.82
	479.12		706.90	
	456.58		657.76	
18	418.75	438.40	626.60	679.15
	446.26		704.80	
	450.19		706.06	

（3）灌浆料

按照《钢筋连接用套筒灌浆料》JG/T 408—2019的规定，取两组共6个尺寸为40mm×40mm×160mm的灌浆料试块，在标准条件下养护28d后进行抗折强度与抗压强度试验，测试结果见表4-4。

试验原计划测试灌浆料与试件同等受火条件下的力学性能，但由于灌浆料试块在试件同时进行的火灾试验中发生了爆裂，未能顺利完成加载试验。为了获得其高温后的抗折强度和抗压强度，通过图4-9所示的电加热升温炉对另外几组留试块进行升温试验，待其冷却至室温后进行抗折强度和抗压强度测试，测试结果见表4-5。

常温下灌浆料力学性能 表 4-4

试块受火时间	抗剪强度（MPa）	平均抗剪强度（MPa）	抗压强度（MPa）	平均抗压强度（MPa）
未受火	9.70	10.03	62.16	62.79
			58.41	
	10.39		63.46	
			63.97	
	10.00		64.23	
			64.51	

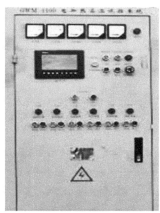

图 4-9 电加热升温炉温和炉温控制系统

高温后灌浆料力学性能 表 4-5

试块最高过火温度（℃）	抗剪强度（MPa）	平均抗剪强度（MPa）	抗压强度（MPa）	平均抗压强度（MPa）
220	9.83	9.31	50.63	48.34
			52.62	
	9.11		46.78	
			45.23	
	8.99		47.62	
			47.13	
240	9.43	9.04	45.36	45.97
			44.42	
	8.62		48.26	
			48.79	

续表

试块最高过火温度（℃）	抗剪强度（MPa）	平均抗剪强度（MPa）	抗压强度（MPa）	平均抗压强度（MPa）
240	9.08	9.04	44.88	45.97
			44.09	
320	9.02	8.13	41.08	43.40
			40.23	
	7.23		44.98	
			44.15	
	8.14		45.22	
			44.76	
440	6.89	6.79	37.62	39.95
			37.13	
	6.16		39.89	
			41.23	
	7.33		42.19	
			41.65	

4. 加载方案

对试件施加恒定竖向轴力的同时，施加水平低周反复荷载，加载装置如图 4-10 所示。该装置由自平衡框架、L 横梁、四连杆机构、竖向千斤顶、水平液压伺服作动器等组成。L 横梁通过四连杆机构保证其加载过程中保持水平，通过侧向导向装置保证其竖向平面稳定。

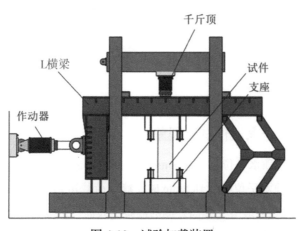

图 4-10　试验加载装置

加载前，将试件立置于自平衡框架底梁上，将 L 横梁压在试件顶面，做好试件与底梁及 L 横梁的固定连接，防止试件底面与底梁、试件顶面与 L 横梁在加载过程中发生相对滑动。然后通过置于 L 横梁上的竖向千斤顶施加柱顶轴向荷载，千斤顶底面安装有随动小车，通过随动小车将千斤顶倒挂于自平衡框架横梁上，保证竖向随动加载。千斤顶的加载过程由微机控制，当竖向荷载达到预定值后保持千斤顶力值稳定，直到加载结束。通过 MTS 液压伺服作动器施加水平荷载，水平加载采用位移控制，当加载位移小于 10mm 时，每级加载位移增幅为 2mm；加载位移为 10～60mm 时，每级加载位移增幅为 5mm；加载位移大于 60mm 后，每级加载位移的增幅为 10mm。同级加载条件下荷载往复循环 3 次，加载制度如图 4-11 所示。当同一级位移的不同循环荷载下，后 1 次荷载循环的峰值荷载下降至第前 1 次循环下峰值荷载的 85% 以下，或进入下降段后的某一级位移下的第 1 次循环中，荷载下降至峰值荷载的 85% 以下，认为试件发生破坏，将试件拉回原位后停止加载。

5. 测点布置

试验中，主要拉线位移传感器测定柱顶、柱中、柱底位移，位移传感器的布置如图 4-12 所示。位移计和施加轴压力的千斤顶通过数据线与 UT7160 静态应变仪连接，试验过程中自动数据采集。

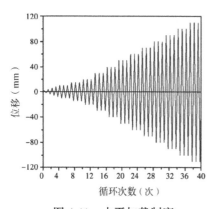

图 4-11　水平加载制度

图 4-12　位移计布置方案

4.2.2　常温下未受火试件试验现象

加载过程中，柱顶水平位移小于 8mm 时，试件 GSRC-1 处于弹性阶段，柱身未出现明显裂缝。柱顶水平位移达到 8mm 时，峰值荷载达到 169.1kN，柱顶角部首次出现长约 100mm 的竖向裂缝，套筒外侧的混凝土表面白色涂料剥落。柱顶水平位移从 8mm 增至 25mm 的期间，峰值荷载达到 257.95kN，试件进入弹塑性阶段，柱顶混凝土裂缝向下扩展，混凝土开始脱落。当柱顶水平位移从 25mm 增至 35mm 时，峰值荷载达到 259.22kN。此时，柱顶混凝土开始片状剥落，发出明显的碎裂声，箍筋外露。当柱顶水平位移从 35mm 增至 45mm 时，峰值荷载降至 181.52kN。此时，纵向裂缝继续延伸，在 45mm 的水平位移的加载下，裂缝贯通，试件发生破坏。破坏过程与破坏形态如图 4-13 所示。

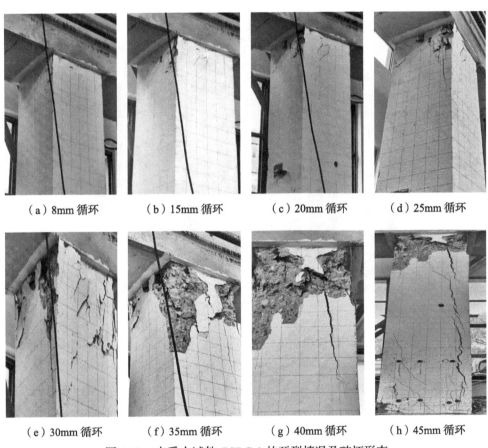

| （a）8mm 循环 | （b）15mm 循环 | （c）20mm 循环 | （d）25mm 循环 |

| （e）30mm 循环 | （f）35mm 循环 | （g）40mm 循环 | （h）45mm 循环 |

图 4-13　未受火试件 GSRC-1 的开裂情况及破坏形态

4.2.3　火灾升温试验

试件在工厂养护过 28d 以后，运至宁波大学火灾试验室进行升温处理。升温在如图 4-14 所示的火灾炉内进行，炉膛内部长、宽、高分别为 3.60m×1.52m×2.57m，配备 8 个以液化天然气为燃料的火焰喷射器，可模拟多种火灾环境。试验时通过控制火焰喷射器天然气的输送和雾化量调节炉温，并由分布在炉内 4 个区域的热电偶记录炉温曲线。根据设计升温时间并考虑火灾炉的空间限制，试件的升温分三批进行，第一批包括 GSRCF-1 和 GSRCF-2 两个试件，受火时间为 60min；第二批包括 GSRCF-3 和 RCF-1 两个试件，受火时间为 97min；第三批为 GSRCF-4 一个试件，受火时间同样为 97min。升温试验遵循《建筑构件耐火试验方法　第3部分：试验方法和试验数据应用注释》GB/T 9978.3—2008 中规定，按照 ISO 834 国际标准升温曲线进行。

图 4-14　火灾炉

为了全面了解火灾试验过程中试件内部的温度演变情况，在试件 GSRCF-4 内部布置了4个 K 型铠装热电偶（型号：WRKKG-91WG-310-I），热电偶在浇筑混凝土前预先埋设，如图 4-15 所示。其中，在套筒区域（截面 2-2）预埋三个热电偶，用以检测该截面不同位置的温度分布。在试件中部（截面 1-1）预埋一个热电偶，以对比研究套筒对截面温度分布的影响。

图 4-16（a）为试验测得的火灾炉内及预埋测点的温度－时间变化曲线。从图 4-16（a）中可以看到，火灾炉内升温与 ISO 834 标准升温曲线基本一致。图 4-16（b）为试验测得的试件 GSRCF-4 内部各测点温度。可以看出，柱身截面角部的测点（测点3）温度最高，达到440℃；套筒区域截面形心的最高过火温度为220℃（测点1）；而柱身中部无套筒区域截面形心的最高过火温度为240℃（测点2）。这表明套筒对截面温度分布有一定影响。

图 4-17 为试件经历火灾升温后的情况。经历火灾作用后，试件柱身表面混凝土呈黄褐色，表层出现不规则裂纹，柱身底部坐浆层总体保持完好。

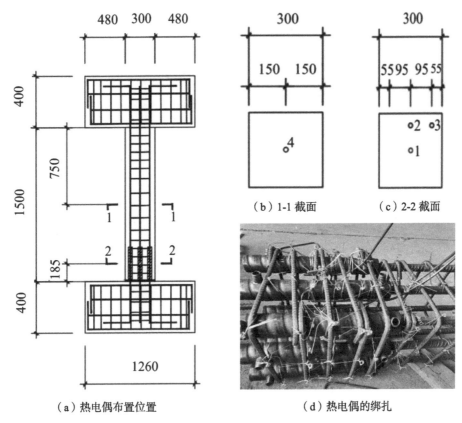

（b）1-1 截面　　　　（c）2-2 截面

（a）热电偶布置位置　　　　（d）热电偶的绑扎

图 4-15　热电偶的布置位置和预埋

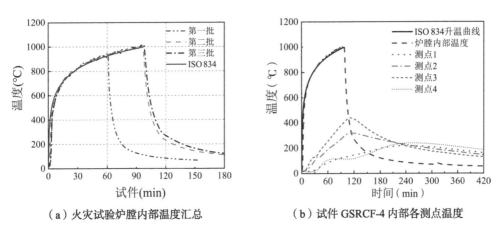

（a）火灾试验炉膛内部温度汇总　　　　（b）试件 GSRCF-4 内部各测点温度

图 4-16　炉膛、预埋测点的温度－时间变化曲线

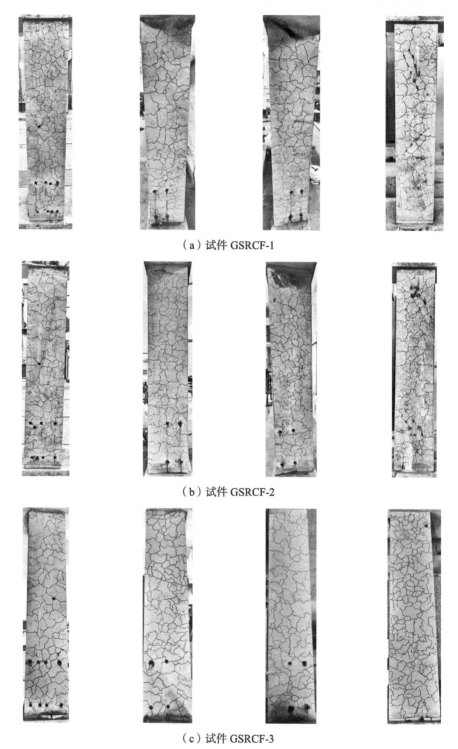

（a）试件 GSRCF-1

（b）试件 GSRCF-2

（c）试件 GSRCF-3

图 4-17　受火后试件表面情况

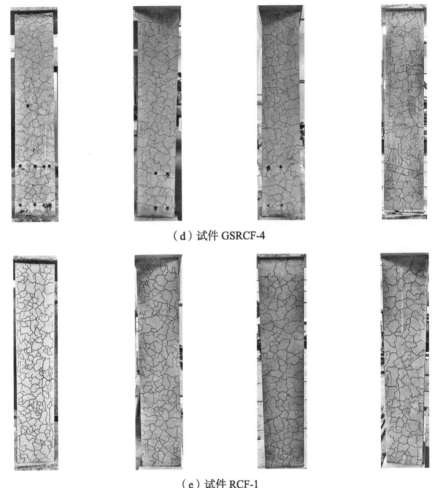

（d）试件 GSRCF-4

（e）试件 RCF-1

图 4-17　受火后试件表面情况（续）

4.2.4　火灾后低周反复加载试验结果及分析

1. 破坏过程与破坏形态

装配式试件 GSRCF-1 的破坏过程与破坏形态如图 4-18 所示。加载过程中，柱顶水平位移小于 20mm 时，试件的峰值荷载为 142.43kN。试件 GSRCF-1 处于弹性阶段，柱身未出现明显裂缝。柱顶水平位移达到 25mm 时，套筒灌浆区域出现首条横向裂缝，随后四个柱角也出现横向裂缝，且沿柱高方向斜向发展。同时坐浆层的白色涂料随着表面的灌浆料一并脱落。柱顶水平位移增至 45mm 时，试件的峰值荷载达到 165.60kN，试件表面混凝土裂缝增多，坐浆层出现条状剥落。水平位移从 45mm 增至 70mm 的荷载循环期间，试件峰值荷载降为 161.43kN，坐浆层与柱底接合面局部分离，柱身裂缝发展变缓。水平加载至 80mm 和 90mm 的荷载循环期间，试件的峰值荷载不断下降，有两根纵向受力钢筋相继断裂。水平位移增加至 110mm 时，试件的峰值荷载降至 130.91kN，第三根纵向受力钢筋断裂，循环荷载峰值下降至最大荷载的78.9%，标志着试件的破坏。总体看来，在受火 60min 后，试验轴压比为 0.1 的套筒灌浆连接装配式混凝土柱试件 GSRCF-1 主要出现柱底灌浆层分离、钢筋拉断的破坏形态。

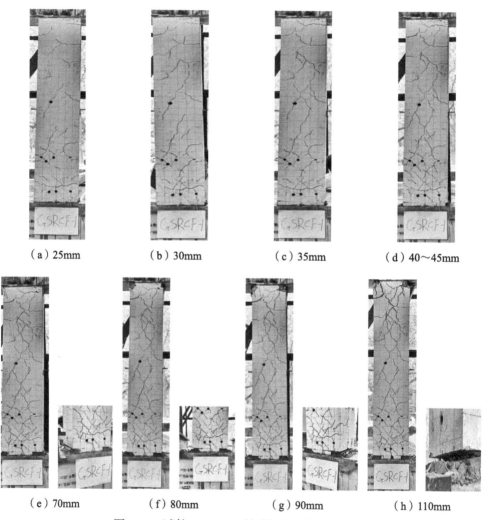

| （a）25mm | （b）30mm | （c）35mm | （d）40～45mm |

| （e）70mm | （f）80mm | （g）90mm | （h）110mm |

图 4-18 试件 GSRCF-1 的破坏过程与破坏形态

装配式试件 GSRCF-2 的破坏过程与破坏形态如图 4-19 所示。加载过程中，柱顶水平位移小于 20mm 时，试件处于弹性阶段，峰值荷载为 183.25kN，试件表面未出现明显裂缝。随着水平位移增至 25mm，峰值荷载达到 200.72kN，套筒灌浆孔附近出现裂缝，沿着柱高斜向延伸。当水平位移增至 30mm 时，试件峰值荷载达到 209.26kN，柱身出现水平弯曲裂缝并不断发展延伸。在水平位移从 35mm 加载至 40mm 荷载循环期间，试件峰值荷载达到 212.82kN，灌浆孔上部的竖向裂缝继续拓展，形成宽度约 5mm 的裂缝，并沿柱高向上延伸成为纵向贯通裂缝。当水平位移从 40mm 增至 45mm 的荷载循环期间，试件的峰值荷载下降至 184.71kN，贯通裂缝不断拓展，且套筒顶部区域开展最为严重。水平位移达到 50mm 时，试件的峰值荷载降至 145.85kN，为加载最大荷载的 68.5%，试件最终破坏。总体看来，在受火 60min 后，试验轴压比为 0.3 的套筒灌浆连接装配式混凝土柱试件 GSRCF-2 主要发生混凝土纵向劈裂的剪切粘结破坏，破坏最严重的位置位于套筒上方，破坏时柱底坐浆层相对完好。

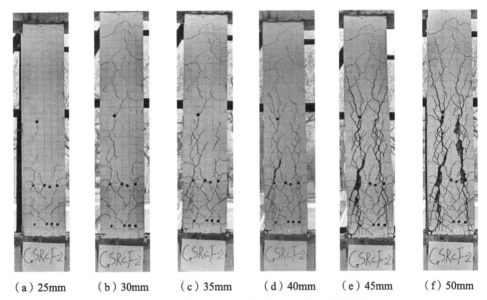

（a）25mm　　（b）30mm　　（c）35mm　　（d）40mm　　（e）45mm　　（f）50mm

图 4-19　试件 GSRCF-2 的破坏过程与破坏形态

装配式试件 GSRCF-3 的破坏过程与破坏形态如图 4-20 所示，破坏过程与破坏形态与试件 GSRCF-2 相似。即受火 97min 后，轴压比为 0.1 的套筒灌浆连接装配式混凝土柱试件 GSRCF-3 由于混凝土损伤严重，发生柱身混凝土纵向劈裂的剪切粘结破坏，破坏最严重的位置位于套筒上方，破坏时柱底坐浆层相对完好。

装配式试件 GSRCF-4 的破坏过程与破坏形态如图 4-21 所示，破坏过程与破坏形态与试件 GSRCF-2 和 GSRCF-3 相似。即受火 97min 后，轴压比为 0.3 的套筒灌浆连接装配式混凝土柱试件 GSRCF-4 也发生柱身混凝土纵向劈裂的剪切粘结破坏，破坏时柱底坐浆层总体完好。

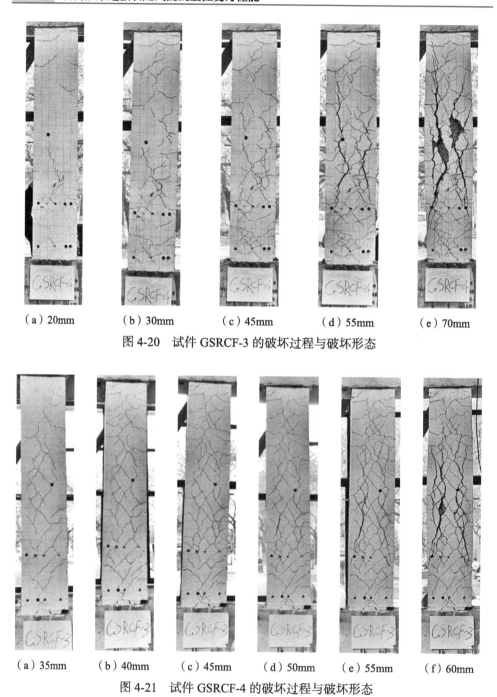

（a）20mm　　　（b）30mm　　　（c）45mm　　　（d）55mm　　　（e）70mm

图 4-20　试件 GSRCF-3 的破坏过程与破坏形态

（a）35mm　　　（b）40mm　　　（c）45mm　　　（d）50mm　　　（e）55mm　　　（f）60mm

图 4-21　试件 GSRCF-4 的破坏过程与破坏形态

现浇试件 RCF-1 的破坏过程与破坏形态如图 4-22 所示。由图可知，受火 97min 后，轴压比为 0.3 的现浇钢筋混凝土柱试件率先出现水平弯曲裂缝，随着加载位移的增大，纵向裂缝不断增大并逐渐贯通形成两条竖向主裂缝，最终发生与试件

GSRCF-2、GSRCF-3、GSRCF-4 相似的剪切粘结破坏。

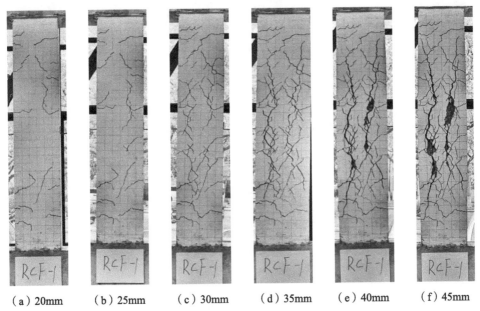

|（a）20mm|（b）25mm|（c）30mm|（d）35mm|（e）40mm|（f）45mm|

图 4-22　试件 RCF-1 的破坏过程与破坏形态

　　总之，在设计试验参数条件下，经历火灾作用后，套筒灌浆连接装配式混凝土柱的破坏形态以柱身剪切粘结破坏为主，但是当轴压比较小时，坐浆层与柱底接合面局部分离，导致钢筋在低周反复荷载作用下变形过大而拉断。试验结束后，去除试件套筒外侧的混凝土保护层，检查套筒内部钢筋与灌浆料之间是否存在明显的滑移，结果如图 4-23 所示。从图 4-23 中可以看出，未受火的试件 GSRC-1 在套筒区域的破坏程度较轻，套筒未发生形变，钢筋与灌浆料之间也未出现滑移现象。经历 60min 火灾后的试件 GSRCF-1 和 GSRCF-2，由于套筒所在区域形成"刚域"，变形集中在套筒下部的坐浆层，轴压比为 0.1 的试件 GSRCF-1，反复荷载下坐浆层与柱底接合面受拉分离，钢筋断裂；轴压比为 0.3 的试件 GSRCF-2，由于压力较大，反复荷载下坐浆层与柱底接合面未分离，破坏区域往套筒上方移动，发生剪切粘结破坏，破坏时钢筋与套筒内混凝土均未发生明显滑移。经历 97min 火灾后的试件 GSRCF-3 和GSRCF-4，混凝土强度损伤更大，在轴力与低周反复荷载下坐浆层与柱底接合面未分离而发生套筒上方柱身剪切粘结破坏，破坏时钢筋与灌浆料之间也未发生明显滑移现象。

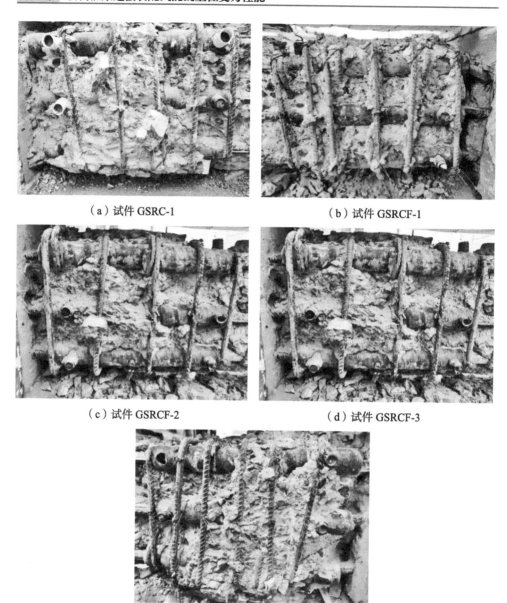

（a）试件 GSRC-1　　　　　　　　　　（b）试件 GSRCF-1

（c）试件 GSRCF-2　　　　　　　　　　（d）试件 GSRCF-3

（e）试件 GSRCF-4

图 4-23　套筒区域的破坏形态

2. 滞回曲线

在试验中，MTS 伺服作动器所采用的加载程序为：正向加载—卸载—反向加载—卸载。荷载循环过程中生成的水平荷载－位移（P-Δ）曲线即为滞回曲线，它反映了结构在反复受力过程中的变形特征、刚度退化及能量消耗。各个试件的滞回曲线如图 4-24 所示。从图 4-24 中可以看出，所有试件的滞回曲线总体关于原点对称。对比试件 GSRC-1、GSRCF-2、GSRCF-3 的滞回曲线，可以看出随着受火时间的增加，滞回环的面积减小，捏拢效应更为明显。对比试件 GSRCF-1、GSRCF-2 与 GSRCF-3、GSRCF-4 可以看出，在相同受火时间下，轴压力较大的套筒灌浆连接装配式混凝土柱试件的滞回环面积小，耗能能力差。从试件 GSRCF-4 与 RCF-1 的滞回曲线对比可知，与现浇试件相比，火灾后预制装配试件滞回曲线包含面积更小。

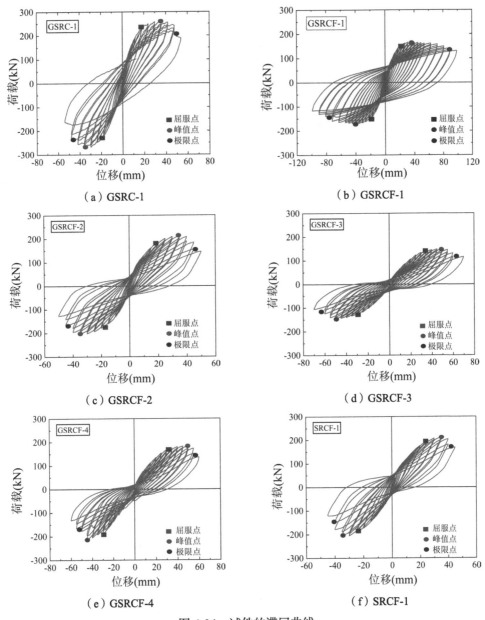

图 4-24 试件的滞回曲线

3. 骨架曲线

骨架曲线是通过连接滞回曲线中各级加载第一次循环的峰值点所形成的包络线。该曲线可以反映试件的峰值承载力、强度退化等性能特征，也可识别出试件的屈服荷载、极限荷载等关键特征点。各试件的骨架曲线如图 4-25 所示。从图 4-25 中可以发现，与未受火的试件 GSRC-1 相比，经过火灾的试件 GSRCF-1 和 GSRCF-3 的屈服位移显著增大，荷载下降阶段的刚度退化更为明显，表现出火灾"软化"现象。随着受火时间的增长，受火试件的承载力显著降低。与未受火试件相比，试件在受火 60min 和 97min 后的峰值荷载分别降低了 17.92% 和 29.29%。对比试件 GSRCF-1 和 GSRCF-2 的骨架曲线可以发现，当受火时间为 60min 时，轴压比为 0.3 的试件峰值荷载比轴压比为 0.1 的试件高出 28.49%。而从试件 GSRCF-3 和 GSRCF-4 的骨架曲线可见，受火 97min 时，轴压比为 0.3 的试件峰值荷载比轴压比为 0.1 的试件高出 8.36%。对比试件 GSRCF-4 和 RCF-1 的骨架曲线，受火 97min 后，同样轴压比下，预制试件的峰值荷载比整体现浇试件降低了 13.64%。

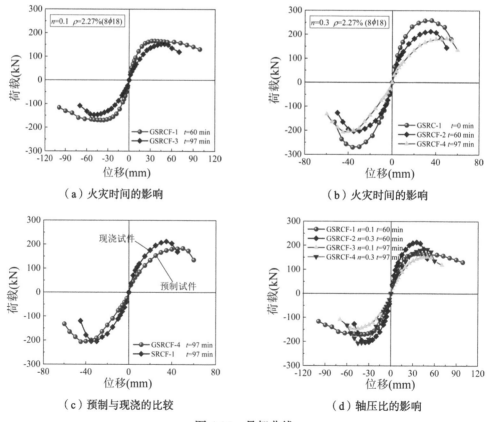

（a）火灾时间的影响　　　　　（b）火灾时间的影响

（c）预制与现浇的比较　　　　　（d）轴压比的影响

图 4-25　骨架曲线

4. 延性

构件的延性是指构件破坏之前，在其承载能力无显著降低的条件下经受非弹性变形的能力，反映构件在地震作用下耐变形的能力和消耗地震能量的能力。构件破坏时的变形与屈服时的变形的比值称为构件的延性系数。

$$\mu = \frac{\Delta_u}{\Delta_y} \tag{4-1}$$

其中，Δ_u 是构件破坏时的位移，通常取骨架曲线下降段与85%峰值荷载对应的位移，Δ_y 为屈服位移。目前对构件屈服点的确定未有统一规定，通常可用如图4-26所示作图法确定。在骨架曲线上，选取75%峰值荷载 P_m 的点，过坐标原点和该点的直线与过峰值点的水平线相交，过交点作垂线与骨架曲线相交，该交点即为屈服点。

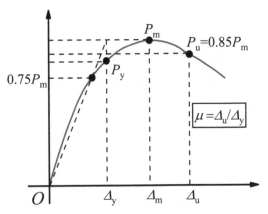

图 4-26 屈服点和破坏点的确定

根据图4-26确定试件的屈服荷载 P_y、屈服位移 Δ_y、峰值荷载 P_m、峰值位移 Δ_m、极限荷载 P_u、极限位移 Δ_u 等骨架曲线特征值及延性系数 μ 见表4-6。

试件特征值   表4-6

试件编号	加载方向	P_y(kN)	Δ_y(mm)	P_m(kN)	Δ_m(mm)	P_u(kN)	Δ_u(mm)	μ	μ_{avg}
GSRC-1	+	222.7	16.0	259.2	35.8	220.3	49.2	3.07	2.73
	−	235.1	20.0	269.4	35.8	228.9	47.7	2.39	
GSRCF-1	+	144.1	18.5	165.6	35.9	140.8	90.1	4.86	4.49
	−	146.2	19.1	169.4	40.3	143.9	78.7	4.12	
GSRCF-2	+	181.3	19.6	212.8	33.7	180.9	45.4	2.31	2.35
	−	171.9	18.2	203.2	34.9	172.7	43.6	2.38	

续表

试件编号	加载方向	P_y(kN)	Δ_y(mm)	P_m(kN)	Δ_m(mm)	P_u(kN)	Δ_u(mm)	μ	μ_{avg}
GSRCF-3	+	133.6	28.6	150.6	49.8	128.0	63.5	2.21	2.19
	−	128.5	28.8	148.9	49.7	126.6	62.6	2.17	
GSRCF-4	+	161.2	27.7	183.3	49.8	155.8	57.2	2.06	1.93
	−	192.5	29.2	206.5	44.7	175.6	52.4	1.79	
RCF-1	+	185.0	22.2	212.3	34.8	180.5	43.3	1.95	1.89
	−	178.7	21.9	204.7	35.0	174.0	40.3	1.83	

从表 4-6 中可以看出，试件 GSRCF-1 的延性系数明显高于其他试件。这是因为试件 GSRCF-1 在加载过程中灌浆层破坏，纵筋底部受到的约束减小，相较其他试件变形增大，延性系数提高。

比较试件 GSRC-1、GSRCF-2、GSRCF-4 的延性系数可以看出，当轴压比相同时，相比未受火试件，受火 60min 和 97min 试件的延性系数分别降低了 14.3% 和 29.7%。受火时间越长，延性系数越小。延性系数与受火时间的关系见图 4-27。

对比火灾后试件 GSRCF-3 和 GSRCF-4 的延性系数可以看出，受火时间相同时，轴压比为 0.3 的试件相比轴压比为 0.1 的试件，延性系数减小了 12.3%。这是因为随着轴压比的增加，试件截面的转动能力减弱，延性降低。延性系数与轴压比的关系见图 4-28。

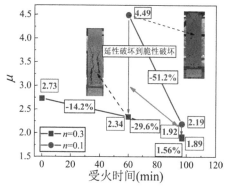

图 4-27 延性系数与火灾时间的关系

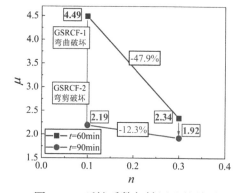

图 4-28 延性系数与轴压比的关系

对比试件 GSRCF-4 和 RCF-1 的延性系数可以发现，在轴压比相同的情况下，火灾后套筒灌浆连接装配式试件的延性系数相较整体现浇试件延性系数略大。

5. 刚度退化

试件的刚度用平均割线刚度 K_i 表示，某一级位移下的 K_i 按式（4-2）计算。

$$K_i = \frac{|P_i| + |-P_i|}{|\Delta_i| + |-\Delta_i|} \qquad (4-2)$$

式中，K_i 表示第 i 次循环的平均割线刚度；P_i、$-P_i$ 表示第 i 次正、反向加载的峰值荷载；Δ_i、$-\Delta_i$ 表示第 i 次正、反向加载峰值荷载对应的位移值。各试件的刚度退化曲线如图 4-29 所示。

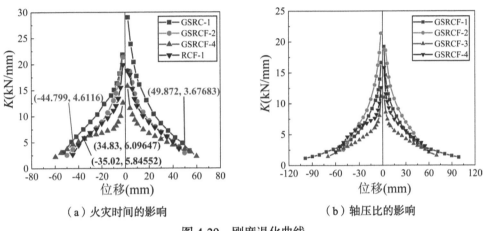

（a）火灾时间的影响 　　　　（b）轴压比的影响

图 4-29　刚度退化曲线

从图 4-29 可以看出：试件刚度随位移增大而减小。加载初期刚度退化主要由混凝土开裂引起，退化速度较快；随着试件破坏程度的加重，刚度退化速度逐渐减缓。与未受火试件 GSRC-1 相比，受火 60min 和 97min 后，装配式试件 GSRCF-2 和 GSRCF-4 的初始刚度分别下降了 34.24% 和 53.54%，受火时间越长，刚度下降越多。

试件刚度随着轴压比的增大而增大，受火时间相同时，当轴压比从 0.1 增大到 0.3 时，试件 GSRCF-2 的初始刚度较 GSRCF-1 增大 25%，试件 GSRCF-4 的初始刚度较 GSRCF-3 增大 8.9%。

在受火时间和轴压比相同的条件下，套筒灌浆连接装配式混凝土试件 GSRCF-4 相比整体现浇试件 RCF-1，初始刚度降低了 36.25%。这是由于火灾后，装配式混凝土试件柱底坐浆层性能退化，对钢筋约束能力降低，导致试件整体性下降。

6. 耗能能力

构件的耗能能力是评判其抗震性能的重要指标，试件一次循环加载下滞回环所包含的面积是决定其耗能能力的关键因素。根据《建筑抗震试验规程》JGJ/T 101—2015，耗能能力可用等效黏滞系数 h_e 确定，计算方法如图 4-30 所示。

图 4-31 为各试件的等效黏滞系数 h_e 与位移 Δ 之间的关系曲线，可以看出试件的等效黏滞系数随着位移的增大而增大。如图 4-31（a）所示，在相同轴压比条件下，

与未受火试件 GSRC-1 相比，经历火灾的试件 GSRCF-2 和 GSRCF-4 的等效黏滞系数降低。受火 60min 和 90min 后，峰值荷载对应的位移下，等效黏滞系数分别降低了6.71% 和 7.22%。这主要是由于火灾后试件的承载力下降，滞回环所包含的面积减小，耗能能力降低。

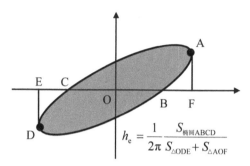

$$h_e = \frac{1}{2\pi} \frac{S_{\text{椭圆ABCD}}}{S_{\triangle ODE} + S_{\triangle AOF}}$$

图 4-30　等效黏滞系数 h_e 的确定

如图 4-31（b）为轴压比对试件等效黏滞系数 h_e 影响曲线。受火时间为 60min 时，随着轴压比的增大，试件等效黏滞系数 h_e 减小。其中，峰值荷载对应的位移下，轴压比为 0.3 试件 GSRCF-2 的等效黏滞系数比轴压比为 0.1 试件 GSRCF-1 等效黏滞系数下降 41.4%。但是，当受火时间达到 97min 时，峰值荷载对应的位移下，两个不同轴压比试件 GSRCF-3 和 GSRCF-4 的等效黏滞系数大致相当。表明，随着受火时间的增长，轴压比对套筒灌浆装配式混凝土柱耗能能力的影响减小。

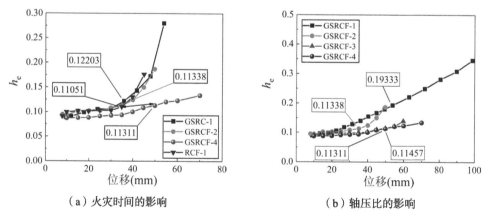

（a）火灾时间的影响　　　　　　（b）轴压比的影响

图 4-31　等效黏滞系数

从图 4-31（a）中试件 GSRCF-4 与 RCF-1 的等效黏滞系数曲线对比可知，在轴压比和受火时间相同的情况下，整体现浇试件的等效黏滞系数 h_e 比预制装配试件的等效黏滞系数 h_e 大，耗能能力比装配式混凝土试件强。

4.3 套筒灌浆连接装配式混凝土柱抗震性能有限元分析

4.3.1 温度场分析

1. 温度场分析原理

火灾试验中的升温方式包括热辐射、热对流、热传导，柱子表面与环境温度通过热辐射和热对流进行热量交换，再通过热传导在柱子内部传递热量致使构件整体升温。对混凝土柱试件，由傅里叶导热定律和微元体的热平衡得到热传导方程。热对流、热辐射共同作用下的边界条件及试件的初始条件如式（4-3）~式（4-5）所示：

$$\rho_c \frac{\partial T}{\partial t} = \frac{\partial}{\partial x}\left(\lambda\frac{\partial T}{\partial x}\right) + \frac{\partial}{\partial y}\left(\lambda\frac{\partial T}{\partial y}\right) + \frac{\partial}{\partial z}\left(\lambda\frac{\partial T}{\partial z}\right) \tag{4-3}$$

$$-\lambda\frac{\partial T}{\partial t} = h(T-T_h) + \Psi\varepsilon_r\sigma\left[(T-273)^4 - (T+273)^4\right] \tag{4-4}$$

$$T_{(x, y, z, t=0)} = T_i \tag{4-5}$$

其中，λ 为材料的导热系数；ρ 为材料密度；c 为材料比热容；t 为火灾持续时间；T 为试件中坐标为 (x, y, z) 的一点在经历火灾时间 t 时的温度；T_h 为火场温度；T_i 为初始时刻试件在室温条件下的初始温度；h 为对流换热系数；Ψ 为试件截面形状系数，一般取为1.0；ε_r 为综合辐射系数；σ 为Stefan-Boltzmann常数，取为 $5.67\times10^{-8}\mathrm{W/(m^2 \cdot K^4)}$。

2. 材料的热工参数

钢材与混凝土的热工参数会随着温度发生变化，计算模型可以参考欧洲规范选取。

（1）混凝土、灌浆料的热工参数

混凝土和灌浆料的密度取 $2500\mathrm{kg/m^3}$，热工参数计算方法如式（4-6）和式（4-7）所示。混凝土、灌浆料的热工参数随温度的变化如图4-32所示。

1）导热系数 $[\mathrm{W/(m \cdot \mathbb{C})}]$：

$$k_c = 0.012\left(\frac{T}{120}\right)^2 - 0.24\left(\frac{T}{120}\right) + 2 \quad (20\mathbb{C}\leqslant T\leqslant 1200\mathbb{C}) \tag{4-6}$$

2）比热 $[\mathrm{J/(\mathbb{C}\cdot kg)}]$：

$$c_c = -4\left(\frac{T}{120}\right)^2 + 80\left(\frac{T}{120}\right) + 900 \quad (20\mathbb{C}\leqslant T\leqslant 1200\mathbb{C}) \tag{4-7}$$

其中，k_c 为混凝土导热系数；c_c 为混凝土比热；T 为混凝土经历的最高过火温度。

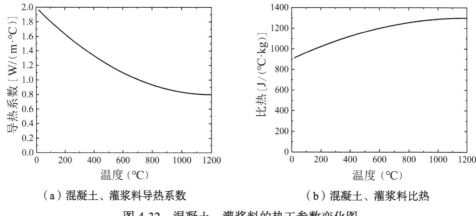

（a）混凝土、灌浆料导热系数　　　　（b）混凝土、灌浆料比热

图 4-32　混凝土、灌浆料的热工参数变化图

（2）钢材的热工参数

钢材的密度为 7850kg/m³，热工参数计算方法如式（4-8）、式（4-9）所示，钢材的热工参数随温度的变化如图 4-33 所示。

1）导热系数 [W/（m・℃）]：

$$k_s = \begin{cases} 54 - 3.33 \times 10^{-2}T & 20℃ \leqslant T \leqslant 800℃ \\ 27.3 & 800℃ < T \leqslant 1200℃ \end{cases} \quad （4\text{-}8）$$

2）比热 [J/（℃・kg）]：

$$c_s = \begin{cases} 425 + 7.73 \times 10^{-1}T - 169 \times 10^{-3}T + 2.2 \times 10^{-6}T & 20℃ \leqslant T \leqslant 600℃ \\ 666 - \dfrac{13002}{T-738} & 600℃ < T \leqslant 735℃ \\ 545 - \dfrac{17802}{T-731} & 735℃ < T \leqslant 900℃ \\ 650 & 900℃ < T \leqslant 1200℃ \end{cases}$$

$$（4\text{-}9）$$

其中，k_s 为钢材导热系数；c_s 为钢材比热；T 为钢材经历的最高过火温度。

3. 升降温曲线及边界条件

（1）升降温曲线

采用 ISO 834 标准升温曲线进行试件升温，并以秒为单位将不同时刻对应的温度作用于模型表面，以此模拟试件的受火情况。

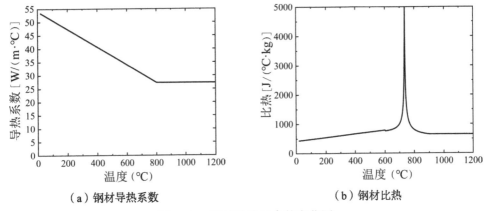

（a）钢材导热系数 　　　　　　（b）钢材比热

图 4-33　钢材的热工参数变化图

（2）边界条件

柱子的四个侧面为受火面，在火灾试验时有防火棉的存在，所以对上下表面施加 20℃的恒温边界。对流换热系数分别为 25W/（m²·℃）、9W/（m²·℃），受火面的综合辐射系数为 0.5W/（m²·℃），以模拟所有节点受火情况。受火前初始时刻温度 T_i 为 20℃，绝对零度设定为 -273.15℃，钢筋与套筒内置于混凝土之中，使得几何位置相同的单元节点具有相同的节点温度。

4.3.2　温度场模拟结果验证

在温度场分析中，试件 GSRCF-4 的截面单元划分如图 4-34 所示，试件内部各测点的温度实测值与有限元分析结果的对比如图 4-35 所示，模拟结果与试验测试结果总体相符。

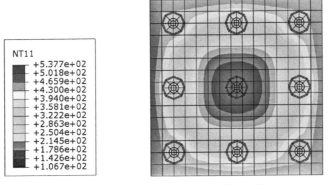

图 4-34　试件 GSRCF-4 截面单元划分

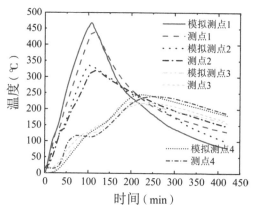

图 4-35 温度实测值与有限元分析值对比

4.3.3 火灾后抗震性能数值分析模型及验证

1. 材料性能

（1）混凝土

常温下的混凝土本构关系根据现行《混凝土结构设计标准》GB/T 50010—2010
中推荐的本构模型进行计算。混凝土在火灾后的力学性能与其达到的最高过火温度密
切相关。国内外学者对火灾后混凝土的材料性能已进行广泛的深入研究，根据相关文
献，火灾后混凝土的材料性能及本构关系用式（4-10）～式（4-14）计算。

$$\sigma = \begin{cases} \left[0.628\left(\dfrac{\varepsilon}{\varepsilon_{or,T_m}}\right) + 1.741\left(\dfrac{\varepsilon}{\varepsilon_{or,T_m}}\right)^2 - 1.371\left(\dfrac{\varepsilon}{\varepsilon_{or,T_m}}\right)^3 \right]\varepsilon_{or,T_m} & 0 \leqslant \dfrac{\varepsilon}{\varepsilon_{or,T_m}} \leqslant 1 \\[4ex] \left[\dfrac{0.674\left(\dfrac{\varepsilon}{\varepsilon_{or,T_m}}\right) - 0.217\left(\dfrac{\varepsilon}{\varepsilon_{or,T_m}}\right)^2}{1 - 1.326\left(\dfrac{\varepsilon}{\varepsilon_{or,T_m}}\right) + 0.783\left(\dfrac{\varepsilon}{\varepsilon_{or,T_m}}\right)^2} \right]\varepsilon_{or,T_m} & \dfrac{\varepsilon}{\varepsilon_{or,T_m}} > 1 \end{cases}$$

（4-10）

$$f_{cr,T_m} = \begin{cases} \left[1.0 - 0.58194\left(\dfrac{T_m - 20}{10000}\right) \right]f_c & T_m \leqslant 200\text{℃} \\[3ex] \left[1.1459 - 1.39255\left(\dfrac{T_m - 20}{10000}\right) \right]f_c & T_m > 200\text{℃} \end{cases}$$

（4-11）

$$\varepsilon_{or,T_m} = \begin{cases} \varepsilon_0 & T_m \leqslant 200\text{℃} \\[3ex] \left[0.557 + 2.352\left(\dfrac{T_m - 20}{1000}\right) \right]\varepsilon_0 & T_m > 200\text{℃} \end{cases}$$

（4-12）

$$\sigma_{\mathrm{or},T_\mathrm{m}} = \begin{cases} \left[1.0-0.582\left(\dfrac{T_\mathrm{m}-20}{1000}\right)\right]\sigma_0 & T_\mathrm{m} \leqslant 200\text{℃} \\[4mm] \left[1.146-1.393\left(\dfrac{T_\mathrm{m}-20}{1000}\right)\right]\sigma_0 & T_\mathrm{m} > 200\text{℃} \end{cases} \qquad (4\text{-}13)$$

$$E_{\mathrm{c},T_\mathrm{m}} = \begin{cases} \left[-1.335\left(\dfrac{T_\mathrm{m}}{1000}\right)+1.027\right]E_\mathrm{c} & T_\mathrm{m} \leqslant 200\text{℃} \\[4mm] \left[2.382\left(\dfrac{T_\mathrm{m}}{1000}\right)-3.371\left(\dfrac{T_\mathrm{m}}{1000}\right)+1.335\right]E_\mathrm{c} & 200\text{℃} < T_\mathrm{m} \leqslant 600\text{℃} \end{cases}$$

$$(4\text{-}14)$$

式中，$\sigma_{\mathrm{or},T_\mathrm{m}}$、$\varepsilon_{\mathrm{or},T_\mathrm{m}}$ 为混凝土经历过火温度 T_m 后对应的峰值应力和峰值应变；σ_0、ε_0 为混凝土的峰值应力和峰值应变；f_c、$f_{\mathrm{cr},T_\mathrm{m}}$ 为未受火混凝土和经历过火温度 T_m 后对应的轴心抗压强度；E_c、$E_{\mathrm{c},T_\mathrm{m}}$ 分别为未受火混凝土和经历过火温度 T_m 后对应弹性模量。

（2）钢材

钢筋本构采用理想弹塑性双直线模型。纵筋和箍筋均采用 HRB400 钢筋，泊松比取为 0.3，根据钢材性能试验得到屈服强度为 405MPa。火灾后钢筋的强度和弹性模量分别用式（4-15）和式（4-16）计算。

$$f_{\mathrm{y},T_\mathrm{m}} = \begin{cases} (100.19-0.0159T_\mathrm{m}) \times 10^{-2} \times f_\mathrm{y} & 20\text{℃} < T_\mathrm{m} < 600\text{℃} \\ (121.39-0.0512T_\mathrm{m}) \times 10^{-2} \times f_\mathrm{y} & 600\text{℃} \leqslant T_\mathrm{m} \leqslant 900\text{℃} \end{cases} \qquad (4\text{-}15)$$

$$E_{\mathrm{s},T_\mathrm{m}} = (100.53-0.0265T_\mathrm{m}) \times 10^{-2} \times E_\mathrm{s} \qquad 20\text{℃} < T_\mathrm{m} \leqslant 900\text{℃} \qquad (4\text{-}16)$$

式中，$f_{\mathrm{y},T_\mathrm{m}}$、$E_{\mathrm{s},T_\mathrm{m}}$ 为火灾后钢筋的强度、弹性模量；f_y、E_s 为未受火钢筋的强度、弹性模量。

套筒根据《钢筋连接用灌浆套筒》JG/T 398—2019 中的要求，采用 Q345 钢，抗拉强度取 450MPa，弹性模量为 2×10^5 MPa，泊松比为 0.3。

（3）灌浆料

目前国内外对于灌浆料的应力 - 应变本构模型研究较少，常温下可以采用参考高强混凝土的本构模型，用式（4-17）计算，火灾后采用参考高温后混凝土的本构模型，用式（4-18）计算。

$$\begin{cases} \sigma = f_{c} \left[\dfrac{A_1 \dfrac{\varepsilon}{\varepsilon_0} - \left(\dfrac{\varepsilon}{\varepsilon_0}\right)^2}{1 + (A_1 - 2) + \dfrac{\varepsilon}{\varepsilon_0}} \right] & 0 < \varepsilon \leqslant \varepsilon_0 \\[4mm] \sigma = f_{c} \left[\dfrac{\dfrac{\varepsilon}{\varepsilon_0}}{\alpha_1 \left(\dfrac{\varepsilon}{\varepsilon_0} - 1\right)^2 + \dfrac{\varepsilon}{\varepsilon_0}} \right] & \varepsilon_0 < \varepsilon < \varepsilon_u \end{cases} \quad (4\text{-}17)$$

$$\begin{cases} \sigma = f_{ck, T_m} \left[2 \dfrac{\varepsilon}{\varepsilon_{0, T_m}} - \left(\dfrac{\varepsilon}{\varepsilon_{0, T_m}}\right)^2 \right] & 0 < \varepsilon \leqslant \varepsilon_{0, T_m} \\[4mm] \sigma = f_{ck, T_m} \left\{ 1 - \left[\dfrac{115 - (\varepsilon - \varepsilon_{0, T_m})}{1 - 5.04 \times 10^{-3} T_m} \right] \right\} & \varepsilon_{0, T_m} < \varepsilon < \varepsilon_{u, T_m} \end{cases} \quad (4\text{-}18)$$

其中，T_m 为灌浆料经历的最高过火温度；f_c 为常温下灌浆料的抗压强度；f_{ck, T_m} 为火灾后灌浆料的抗压强度；ε_0 为常温下灌浆料的峰值应变，$\varepsilon_0 = 520 f_c^{1/3} \times 10^{-6}$；$\varepsilon_u$ 为常温下灌浆料的极限应变；ε_{0, T_m} 为火灾后灌浆料的峰值应变；ε_{u, T_m} 为火灾后灌浆料的极限应变；A_1 为应力应变曲线上升段参数，$A_1 = 9.1 \times f_{cu}^{-4/9}$；$\alpha_1$ 为下降段参数，$\alpha_1 = 2.5 \times 10^{-5} f_{cu}^3$。

2. 界面相互作用

在套筒灌浆连接装配式混凝土柱中，需要特别关注试件中的界面相互作用：一是钢筋与灌浆料之间的相互作用；二是灌浆料与套筒内壁的相互作用；三是套筒及套筒外钢筋与混凝土之间的相互作用。研究表明，常温下套筒连接件能有效传递钢筋应力，极限状态表现为钢筋颈缩拉断破坏。因此，未受火试件中套筒内部钢筋与灌浆料之间采用绑定连接。火灾后，由于套筒连接件可能出现钢筋拔出破坏，故套筒内部钢筋与灌浆料之间使用弹簧单元连接。套筒与灌浆料之间采用绑定连接。套筒及其外部钢筋嵌入混凝土中，通过应用基于 Clough 滞回模型开发的子程序来模拟套筒外钢筋与混凝土之间的滑移。三个界面之间的关系如图 4-36 所示。

3. 约束条件及加载方式

通过位移控制的方式在柱顶施加荷载。模型的约束条件与实际情况一致，将底座固定，并设置为刚体。对试件 UX、UY、UZ 方向上的自由度进行约束，确保柱顶只有 Y 方向的水平位移和 Z 方向的竖向位移。

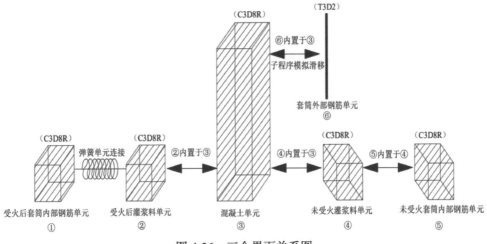

图 4-36 三个界面关系图

4. 钢筋与灌浆料粘结滑移模拟

火灾后，考虑套筒内部钢筋与灌浆料之间的粘结滑移，采用非线性 Spring2 弹簧单元来进行模拟连接。为使钢筋与灌浆料之间的节点相互对应，套筒内部钢筋采用 C3D8R 单元，如图 4-37 所示。

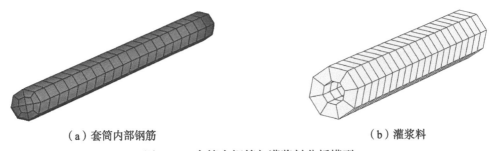

（a）套筒内部钢筋　　　　　　　　　　　　　　（b）灌浆料

图 4-37 套筒内钢筋与灌浆料分析模型

目前，钢筋与混凝土间的高温后粘结滑移本构研究已取得一定成果，但钢筋与灌浆料间粘结滑移本构关系的相应研究尚处于初步阶段。根据目前取得的研究成果，推导得到了火灾后钢筋与灌浆料间粘结滑移的关系曲线如图 4-38 所示。

火灾试验实测数据显示，不同位置的套筒达到的最高过火温度各不相同，如图 4-39（a）所示，截面角部的套筒温度最高，而中部的套筒温度最低。在建模时，沿钢筋长度的 Z 方向上，使用根据 τ-s 曲线确定的非线性 Spring2 弹簧单元来模拟钢筋与灌浆料间的粘结滑移；在 X、Y 方向上，则采用与灌浆料刚度相同的线性 Spring2 弹簧单元来模拟灌浆料对钢筋的握裹力。为避免弹簧产生不协调变形，钢筋与灌浆料的节点完全对应，弹簧节点的布置如图 4-39（b）所示。

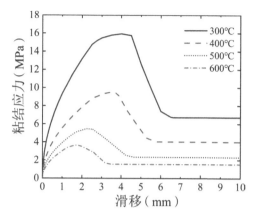

图 4-38 钢筋和灌浆料之间粘结滑移的关系曲线

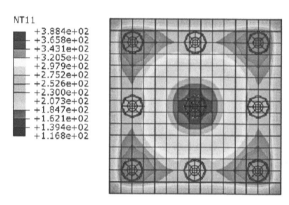

（a）套筒的过火温度

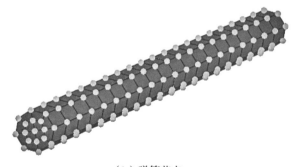

（b）弹簧节点

图 4-39 弹簧单元布置

5. 单元类型及网格划分

在 ABAQUS 中，单元的尺寸对计算精度和速率有显著影响。考虑到试件的尺寸，混凝土单元的尺寸设定为 20mm，实体钢筋和灌浆料的单元尺寸设定为 18mm，套筒和灌浆层的单元尺寸设定为 10mm。在温度场分析中，混凝土、套筒、灌浆料及套筒内部钢筋使用八节点线性传热六面体单元 DC3D8 进行模拟，其余的钢筋则采用二节点杆传热单元 DC1D2，通过赋予不同的截面面积来模拟不同直径的钢筋。试件的网格通过 ABAQUS 的结构化网格技术进行划分，划分情况见图 4-40。为确保 Python 提取的最高过火点温度在各节点间的一致性，网格划分需与温度场分析中的网格尺寸保持相同，以确保两个模型中各单元节点编号相匹配。

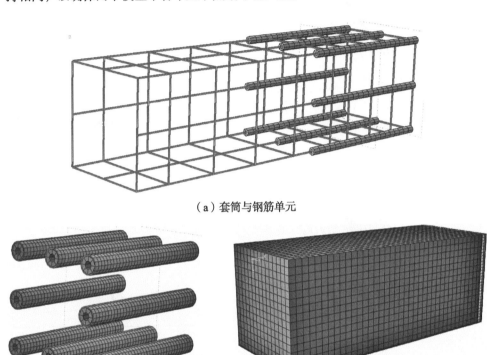

（a）套筒与钢筋单元

（b）弹簧节点 （c）混凝土单元

图 4-40 单元划分

6. 模拟结果验证

通过数值分析模型，对六个试件 GSRC-1、GSRCF-1、GSRCF-2、GSRCF-3、GSRCF-4、RCF-1 进行了轴力和低周反复荷载下的受力性能分析。试件 GSRC-1、GSRCF-2、GSRCF-3、GSRCF-4 在试验过程中坐浆层与柱身未发生明显分离，因此在模拟中采用绑定的方式连接柱底、灌浆料与坐浆层。而 GSRCF-1 试件在试验中坐浆层与柱身分离且破坏严重，模拟中通过塑性接触定义坐浆层与柱身之间的接触，接触面法向采用硬接触，切向摩擦系数设为 0.5，通过绑定方式连接灌浆料与坐浆层。

荷载－位移曲线模拟结果与试验结果的对比如图 4-41 所示。模拟荷载－位移曲线上升段较试验曲线略为陡峭，但两者的峰值荷载、极限位移相当。图 4-42 为模拟得到的混凝土的损伤云图与试验破坏形态的对比，可见模拟结果与试验结果总体相符。

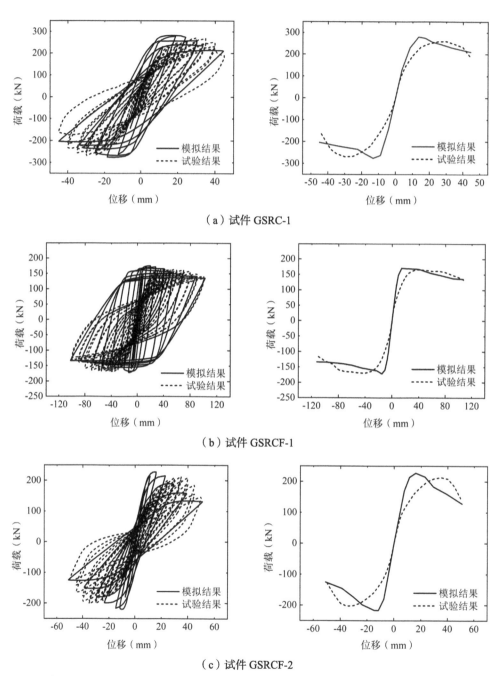

（a）试件 GSRC-1

（b）试件 GSRCF-1

（c）试件 GSRCF-2

图 4-41　模拟结果与试验结果对比图

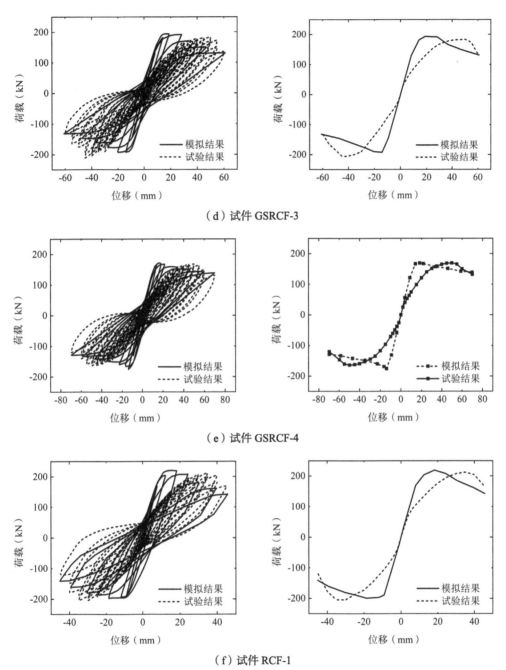

（d）试件 GSRCF-3

（e）试件 GSRCF-4

（f）试件 RCF-1

图 4-41　模拟结果与试验结果对比图（续）

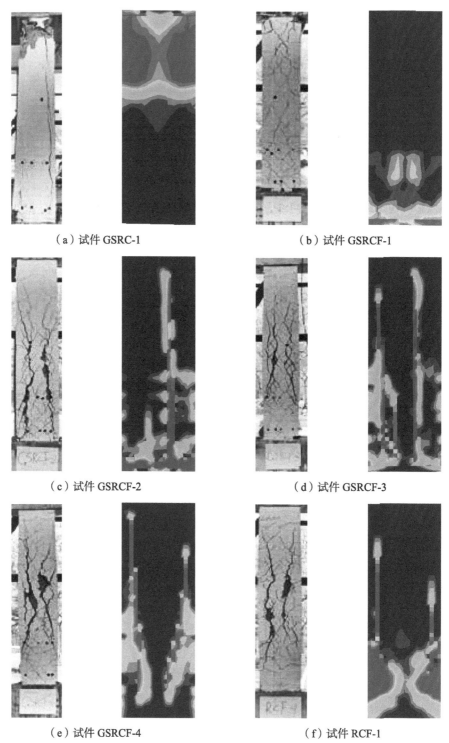

（a）试件 GSRC-1 　　　　　　　　　　　（b）试件 GSRCF-1

（c）试件 GSRCF-2 　　　　　　　　　　　（d）试件 GSRCF-3

（e）试件 GSRCF-4 　　　　　　　　　　　（f）试件 RCF-1

图 4-42　混凝土损伤云图与试件破坏形态对比

4.3.4 参数分析

影响火灾后套筒灌浆连接装配式混凝土柱受力性能的因素很多，如受火时间、剪跨比、轴压比、混凝土强度等。利用上述数值模型，就这些参数对套筒灌浆连接装配式混凝土柱受力性能的影响进行模拟分析。试件编号规则为"GC-A-B-C-D"或"RC-A-B-C-D"，其中"GC-"代表预制装配；"RC-"代表现浇；"A"代表混凝土强度等级，包含 C30、C35、C40、C45；"B"代表受火时间，包含 0min、60min、90min、120min；"C"代表剪跨比，包含 1.5、2.0、2.5、3.0；"D"代表轴压比，包含 0.1、0.2、0.3、0.4。

1. 受火时间

在剪跨比为 2.5、轴压比为 0.3、混凝土强度等级为 C30 的条件下，不同火灾持续时间预制装配试件和现浇试件的滞回曲线如图 4-43 所示，试件的荷载特征值和延性系数如表 4-7 所示。图 4-43 可以看出，火灾后试件的滞回曲线所包含的面积相比常温试件有所减小，峰值荷载相比常温降低。表 4-7 数据显示，相较常温下，现浇试件受火 60min、90min、120min 后，峰值荷载分别下降 17.6%、27.0%、36.7%；预制试件在相同条件下，峰值荷载分别下降 30.4%、36.5%、46.8%，预制试件的承载力降幅更为显著。常温下，预制试件与现浇试件的位移延性系数相近，遭受 60min、90min、120min 火灾作用后，现浇试件的延性系数分别下降了 21.9%、21.1%、26.7%，而预制试件的延性系数分别下降了 28.2%、25.8%、33.4%，预制试件的延性系数下降更多。

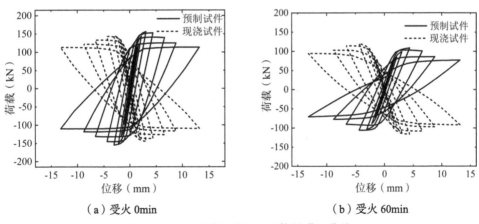

（a）受火 0min   （b）受火 60min

图 4-43 不同受火时间下试件的滞回曲线

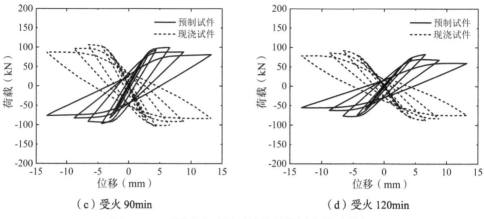

（c）受火 90min   （d）受火 120min

图 4-43 不同受火时间下试件的滞回曲线（续）

不同受火时间下试件荷载特征值和延性系数   表 4-7

试件名称	屈服点		峰值荷载点		极限荷载点		延性系数
	V_y	Δ_y	V_m	Δ_m	V_u	Δ_u	
GC30-0min-2.5-0.3	144.1	2.23	156.10	3.08	132.7	8.14	3.65
GC30-60min-2.5-0.3	97.43	2.99	108.57	4.4	92.28	7.82	2.62
GC30-90min-2.5-0.3	89.29	4.02	99.2	6.6	84.32	10.91	2.71
GC30-120min-2.5-0.3	74.92	4.92	83.03	6.6	70.58	11.95	2.43
RC30-0min-2.5-0.3	144.31	2.25	145.6	3.08	123.76	8.43	3.75
RC30-60min-2.5-0.3	109.16	3.12	119.95	4.4	101.96	9.15	2.93
RC30-90min-2.5-0.3	98.01	3.94	106.34	6.6	90.39	11.67	2.96
RC30-120min-2.5-0.3	83.91	4.85	92.13	6.6	78.31	13.32	2.75

2. 剪跨比

在受火时间为 60min，轴压比为 0.3，混凝土强度等级为 C30 的情况下，不同剪跨比预制装配试件和现浇试件的滞回曲线如图 4-44 所示，试件的荷载特征值和延性系数如表 4-8 所示。由图 4-44 可以看出，随着剪跨比的增加，滞回曲线所包含的面积增大，屈服荷载、峰值荷载减小，对应的位移却增大，试件刚度减小。表 4-8 数据显示，受火 60min 后，与剪跨比为 1.5 的预制试件相比，剪跨比分别为 2.0、2.5、3.0 的预制试件峰值荷载分别降低了 18.0%、37.6%、45.5%；现浇试件的峰值荷载降低了 14.0%、33.4%、47.8%。预制和现浇试件的承载力随剪跨比变化而改变的趋势大致相似。不管是现浇试件还是预制装配试件，位移延性系数随剪跨比的增大均呈现出增大－减小－再增大的趋势。当剪跨比小于 2.0 时，延性系数随着剪跨比的增大而增大；

当剪跨比大于2.0以后，延性系数随着剪跨比的增大先减小而后增大。这是因为试件的破坏形态随剪跨比的变化而发生改变，剪跨比小于2.0时，试件以斜压破坏为主，随着剪跨比的增大变形能力有所提高，延性系数增大；剪跨比为2.5左右时，试件主要发生剪切粘结破坏，破坏脆性性能明显，变形能力降低，延性系数减小；剪跨比大于2.5以后，试件发生弯曲型破坏，变形能力提升，延性系数再随之增大。

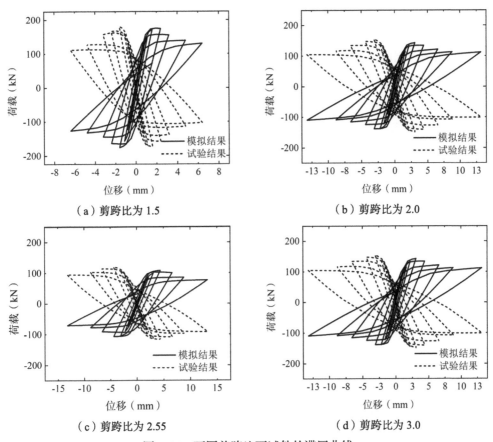

图 4-44　不同剪跨比下试件的滞回曲线

不同剪跨比下试件的荷载特征值及延性系数　　　　　　　表 4-8

试件名称	屈服点		峰值荷载点		极限荷载点		延性系数
	V_y	Δ_y	V_m	Δ_m	V_u	Δ_u	
GC30-60min-1.5-0.3	157.3	1.34	174.1	2.4	147.9	3.88	2.90
GC30-60min-2.0-0.3	129.91	2.08	142.75	3.08	121.34	6.64	3.19
GC30-60min-2.5-0.3	97.43	2.99	108.57	4.4	92.28	7.82	2.62
GC30-60min-3.0-0.3	85.61	4.19	94.8	5.6	80.58	15.08	3.60

续表

试件名称	屈服点		峰值荷载点		极限荷载点		延性系数
	V_y	Δ_y	V_m	Δ_m	V_u	Δ_u	
RC30-60min-1.5-0.3	165.13	1.21	180.23	1.6	153.2	3.39	2.80
RC30-60min-2.0-0.3	140.92	2.21	154.93	3.08	131.7	6.87	3.11
RC30-60min-2.5-0.3	109.16	3.12	119.95	4.4	101.96	9.15	2.93
RC30-60min-3.0-0.3	85.16	4.07	94.05	5.6	79.94	16.13	3.96

3. 混凝土强度

在受火时间为 60min，剪跨比为 2.5，轴压比为 0.3 的情况下，不同混凝土强度等级的预制装配试件和现浇试件的滞回曲线如图 4-45 所示，试件的荷载特征值和延性系数如表 4-9 所示。图 4-45 可以看出，在设计的混凝土强度等级下，试件的滞回曲线形状基本一致，随着混凝土强度等级的提高，试件的峰值荷载有所提升。具体来说，C30 等级的试件，C35、C40 和 C45 等级的预制试件峰值荷载分别提高了 5.8%、9.2%、14.6%，现浇试件峰值荷载分别提高了 6.3%、10.2%、17.2%。

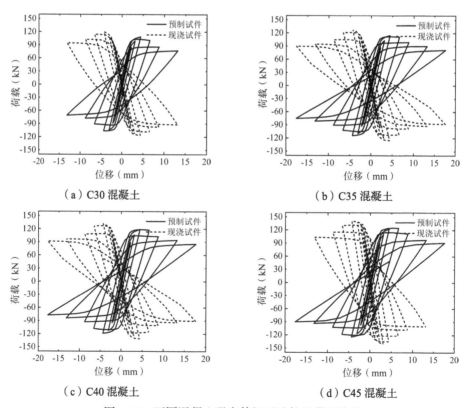

（a）C30 混凝土   （b）C35 混凝土

（c）C40 混凝土   （d）C45 混凝土

图 4-45   不同混凝土强度等级下试件的滞回曲线

不同混凝土强度等级下试件的荷载特征值及延性系数 表4-9

试件名称	屈服点		峰值荷载点		极限荷载点		延性系数
	V_y	Δ_y	V_m	Δ_m	V_u	Δ_u	
GC30-60min-2.5-0.3	97.43	2.99	108.57	4.4	92.28	7.82	2.62
GC35-60min-2.5-0.3	104.05	3.15	114.91	4.4	97.67	9.49	3.01
GC40-60min-2.5-0.3	107.62	3.23	118.59	4.4	100.8	9.71	3.01
GC45-60min-2.5-0.3	109.79	3.69	124.47	6.6	104.44	11.4	3.09
RC30-60min-2.5-0.3	109.16	3.12	119.95	4.4	101.96	9.15	2.93
RC35-60min-2.5-0.3	116.21	3.39	127.48	4.4	108.36	8.42	2.48
RC40-60min-2.5-0.3	120.52	3.36	132.19	4.4	112.36	8.25	2.46
RC45-60min-2.5-0.3	123.84	3.24	140.53	4.4	116.45	8.15	2.51

4. 轴压比

在受火时间为60min，剪跨比为2.5，混凝土强度等级为C30的情况下，不同轴压比的预制试件和现浇试件的滞回曲线如图4-46所示，试件的荷载特征值和延性系数如表4-10所示。从图4-46中可以看出，随着轴压比的增大，滞回曲线所包含的面积减小，滞回曲线形状从梭形逐渐向反S形变化，捏拢效应随轴压比的增大而增强。表4-10中数据显示，在受火60min后，随着轴压比的增大，试件的峰值荷载明显提升。与轴压比为0.1试件相比，轴压比为0.2、0.3、0.4的预制试件峰值荷载分别提高了29.7%、50.8%、69.6%，轴压比为0.2、0.3、0.4的现浇试件峰值荷载分别提高了24.0%、41.1%、50.0%。随着轴压比的增大，试件的延性系数表现出下降趋势。

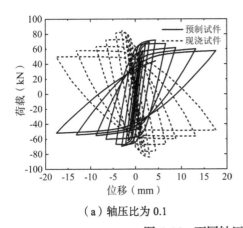

（a）轴压比为0.1

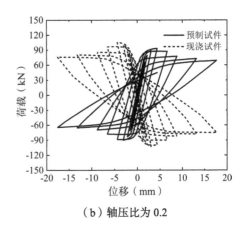

（b）轴压比为0.2

图4-46 不同轴压比下试件的滞回曲线

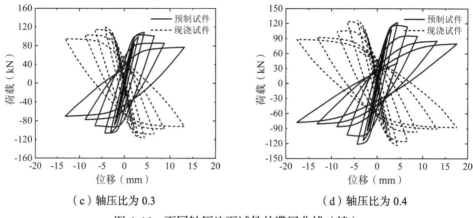

（c）轴压比为0.3　　　　　　　　（d）轴压比为0.4

图 4-46　不同轴压比下试件的滞回曲线（续）

不同轴压比下试件的荷载特征值及延性系数　　　　　　表 4-10

试件名称	屈服点		峰值荷载点		极限荷载点		延性系数
	V_y	Δ_y	V_m	Δ_m	V_u	Δ_u	
GC30-60min-2.5-0.1	62.97	2.03	71.98	4.4	62.03	5.97	2.94
GC30-60min-2.5-0.2	82.91	2.54	93.33	4.4	79.33	7.51	2.96
GC30-60min-2.5-0.3	97.43	2.99	108.57	4.4	92.28	7.82	2.62
GC30-60min-2.5-0.4	105.95	2.95	122.08	4.4	103.77	7.66	2.60
RC30-60min-2.5-0.1	78.94	2.23	85.02	3.08	72.25	6.59	2.96
RC30-60min-2.5-0.2	94.59	2.68	105.44	4.4	89.62	7.99	2.98
RC30-60min-2.5-0.3	109.16	3.12	119.95	4.4	101.96	9.15	2.93
RC30-60min-2.5-0.4	114.3	3.35	127.56	4.4	108.43	8.34	2.49

4.3.5　火灾后套筒灌浆连接装配式混凝土柱承载力计算

1. 承载力实用计算方法

火灾后，套筒灌浆连接装配式混凝土柱破坏形态与剪跨比密切相关，当剪跨比大于 2.5 以上时，试件以弯曲型破坏为主，破坏承载力与受火试件、轴压比、混凝土强度等因素有关。基于数值模拟分析结果，以弯曲型破坏为基础，考虑上述参数影响，提出火灾后套筒灌浆连接装配式混凝土柱承载力实用计算方法。常温下套筒灌浆连接装配式混凝土柱所能承受的极限荷载 P_m^c，根据平截面假定计算。

$$P_m^c = \frac{M_u}{H - \psi h} \tag{4-19}$$

$$M_u = \alpha_1 f_c b_0 x \left(h_0 - \frac{x}{2} \right) + f_y' A_s' \left(h_0 - a' \right) \tag{4-20}$$

其中，M_u 为常温下套筒灌浆连接装配式混凝土柱抗弯承载力；ψ 为考虑套筒影响的塑性铰上移系数，取 0.35；H 为柱高，h 为柱截面高度，单位为 mm；α_1 为系数，按照现行国家标准《混凝土结构设计标准》GB/T 50010 取值；f_c 为混凝土轴心抗压强度；b_0 为截面宽度，x 为混凝土受压区高度，h_0 为截面有效高度，单位为 mm；f_y' 为钢筋屈服强度，A_s' 为受压钢筋的截面面积，单位为 mm²；a' 为受压区全部纵向钢筋合力点至截面受压边缘的距离，单位为 mm。

定义 K_D 为承载力退化系数，表达式为 $K_D = P_m^f / P_m^c$，其中 P_m^f 为火灾后套筒灌浆连接装配式混凝土柱的抗弯极限荷载：

$$P_m^f = K_D \times P_m^c \tag{4-21}$$

根据表 4-11 数值模拟分析结果，采用非线性拟合的方法得到 K_D 的计算表达式：

$$K_D = (a + b + c) \times e^{-t_0} + 0.5 \tag{4-22}$$

$$t_0 = \frac{t}{60} \tag{4-23}$$

其中，t 为受火时间，单位为 h，参数 a 为混凝土强度影响系数，参数 b 为剪跨比影响系数，参数 c 为关于轴压比影响系数。a、b、c 的计算公式为：

$$\begin{cases} a = -1.16 f_{ck0}^2 + 3.12 f_{ck0} - 1.09 \\ b = 0.25\lambda^3 - 1.70\lambda^2 + 3.70\lambda - 2.91 \\ c = -1.93 n^2 + 0.92 n - 0.13 \end{cases} \tag{4-24}$$

$$f_{ck0} = \frac{f_{ck}}{20.1} \tag{4-25}$$

破坏极限荷载的有限元分析结果   表 4-11

试件编号	受火 0min	受火 60min	受火 90min	受火 120min
	P_m（kN）	P_m（kN）	P_m（kN）	P_m（kN）
GC30-2.5-0.3	156.10	108.57	99.20	83.03
GC35-2.5-0.3	159.40	114.91	107.44	91.52
GC40-2.5-0.3	162.89	118.59	111.12	95.86
GC45-2.5-0.3	167.21	124.47	114.89	98.53
GC30-1.5-0.3	253.50	174.1	156.04	135.60
GC30-2.0-0.3	193.43	142.75	126.50	105.15
GC30-3.0-0.3	128.62	94.8	81.30	63.87

续表

试件编号	受火 0min	受火 60min	受火 90min	受火 120min
	P_m（kN）	P_m（kN）	P_m（kN）	P_m（kN）
GC30-2.5-0.1	109.72	71.98	62.30	57.67
GC30-2.5-0.2	134.80	93.33	86.79	80.97
GC30-2.5-0.4	168.97	122.08	104.38	96.31
RC30-2.5-0.3	145.60	119.95	106.34	92.13
RC35-2.5-0.3	150.44	127.48	114.42	99.70
RC40-2.5-0.3	155.29	132.19	124.98	104.26
RC45-2.5-0.3	162.75	140.53	129.47	107.2
RC30-1.5-0.3	237.33	180.23	154.10	135.16
RC30-2.0-0.3	185.97	154.93	138.62	116.75
RC30-3.0-0.3	116.39	94.05	83.20	68.70
RC30-2.5-0.1	105.54	85.02	79.63	75.26
RC30-2.5-0.2	128.03	105.44	95.57	87.11
RC30-2.5-0.4	152.43	127.56	118.26	110.12

图 4-47 为火灾后套筒灌浆连接混凝土柱的承载力计算值 P_m^f 与有限元分析得到的峰值承载力 P_m 比较的结果。由图可知，P_m/P_m^f 的平均误差为 4.04%，拟合优度 R^2 为 0.957，表明承载力计算公式可靠度较高，可用于火灾后套筒灌浆连接混凝土柱的承载力评估。

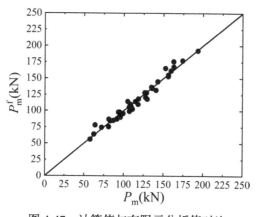

图 4-47　计算值与有限元分析值对比

2. 承载力理论计算方法

试验结果表明，火灾后所有试件均出现不同程度的剪切粘结裂缝，随着受火时间的增加，剪切粘结破坏更为显著，因此需基于试验结果给出抗剪承载力预测公式。目前《混凝土结构设计标准》GB/T 50010 和 ACI 318 都提供了标准环境下钢筋混凝土柱的抗剪承载力计算公式，见式（4-26）、式（4-27）：

$$V_{uACI} = 0.17 \left(1 + \frac{N_u}{14A_g} \right) \sqrt{f_c}\, b_w d + f_{yv}^T \frac{A_{sv}d}{s} \tag{4-26}$$

$$V_{uGB} = \frac{1}{\gamma_E} \left(\frac{1.05}{\lambda + 1} f_t b_w d + f_{yv}^T \frac{A_{sv}d}{s} + 0.05 N_u \right) \tag{4-27}$$

式中，N_u 为预加轴向荷载；A_g 为柱截面面积；f_c 为混凝土圆柱体抗压强度；b_w 为柱截面宽度；d 为柱截面有效深度；f_{yv} 为箍筋屈服强度；A_{sv} 为箍筋截面面积；s 为箍筋间距；λ 为剪跨比；f_t 为混凝土抗拉强度；γ_E 为地震调整系数，取 0.85。图 4-49（a）比较了计算抗剪承载能力和相应试验结果，式（4-26）误差为 1.00%，式（4-27）误差则为 14%。

对于火灾后，采用区域法计算其灾后的抗剪承载力。该方法将四面受火的混凝土柱截面取四分之一截面划分为若干条带。根据温度场确定条带中点的最高温度，从而确定混凝土强度降低系数，随后进行有效截面计算。图 4-48 显示了 60min 和 97min 火灾后套筒灌浆连接装配式混凝土柱横截面的条带划分。混凝土强度降低系数和有效截面计算公式详见式（4-28）～式（4-30）：

$$\eta_{cT} = \begin{cases} 1 & 0\,℃ < T \leqslant 200\,℃ \\ 1.0 - 0.0015(T - 200) & 200\,℃ < T \leqslant 500\,℃ \\ 0.25 + 0.003(600 - T) & 500\,℃ < T \leqslant 600\,℃ \\ 0.25 - 0.75 \times 10^{-4}(T - 600) & 600\,℃ < T \leqslant 800\,℃ \end{cases} \tag{4-28}$$

$$\eta_{cTa} = \frac{1 - \dfrac{0.2}{q}}{q} \sum_{i}^{i=q} \eta_{cT}(i) \tag{4-29}$$

$$a_z = w \left[1 - \left(\frac{\eta_{cTa}}{\eta_{cT} M} \right)^{1.3} \right] \tag{4-30}$$

式中，η_{cT} 为混凝土强度折减系数；η_{cTa} 为平均混凝土强度折减系数；a_z 为截面宽度折减值；T 为温度；q 为条数；$\eta_{cT}(M)$ 为混凝土强度折减系数的最大值；w 为截面宽度的二分之一。火灾后，钢筋的极限强度会有一定程度的降低，对截面的抗剪强度产生不利影响。

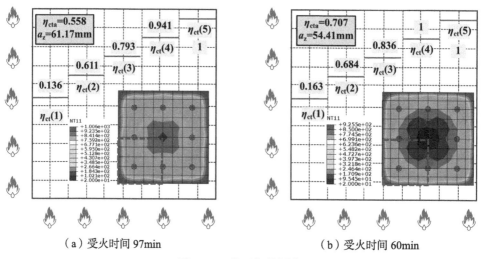

（a）受火时间 97min   （b）受火时间 60min

图 4-48　截面条带划分

为精确计算抗剪极限承载力，需考虑钢筋在高温后的强度折减，具体强度降低的计算公式见式（4-31）：

$$f_{yv}^{T} = \begin{cases} (100.19 - 0.01586T) \times 10^{-2} f_{yv} & 0℃ < T \leqslant 600℃ \\ (121.395 - 0.0512T) \times 10^{-2} f_{yv} & 600℃ < T \leqslant 1000℃ \end{cases} \tag{4-31}$$

其中，f_{yv}^{T} 为火灾后钢筋的屈服强度；f_{yv} 为室温下钢筋的屈服强度。

根据式（4-26）～式（4-31），套筒灌浆连接装配式混凝土柱火灾后的抗剪承载力公式为：

$$V_{uACIP} = 0.17 \left(1 + \frac{N_u}{14 A_{g0}} \right) \sqrt{f_c} \, b_{w0} d_0 + f_{yv}^{T} \frac{A_{sv} d_0}{s} \tag{4-32}$$

$$V_{uBGP} = \frac{1}{\gamma_E} \left(\frac{1.05}{\lambda + 1} f_t b_{w0} d_0 + f_{yv}^{T} \frac{A_{sv} d_0}{s} + 0.05 N_u \right) \tag{4-33}$$

其中，b_{w0} 为火灾后混凝土截面的有效宽度；d_0 为火灾后截面缩小的有效深度；A_{g0} 为实际承受轴向压力的有效截面面积。

使用式（4-32）和式（4-33）计算的火灾后剪切承载力与测试值的比较见图 4-49（a）。结果表明，式（4-32）计算结果满足精度要求，最大误差小于 10%，变异系数为 0.0256。然而式（4-33）的结果明显偏大，最大误差为 16%，变异系数为 0.0548。这主要是由于式（4-33）高估了火灾暴露后混凝土抗拉强度以及轴向压力的贡献。普通混凝土在火灾后的抗拉强度通常呈线性下降趋势，因此在计算中仅减小有效横截面面积会增加混凝土抗拉强度对计算结果的贡献。此外，由式（4-33）得出的结果表明，不同轴压下的计算结果存在不同程度的误差。因此，引入一个同时考虑受火时间和轴压比的耦合修正系数，具体计算方法如式（4-34）、式（4-35）所示：

$$V_{uGBPM} = \frac{1}{\gamma_E}\left\{\frac{1.05\delta}{\lambda+1}f_t b_{w0} d_0 + f_{yv}^T \frac{A_{sv} d_0}{s} + 0.05N_u\right\} \quad (4\text{-}34)$$

$$\delta = \left\{-0.0128\left(\frac{t}{60}\right)^2 - 0.108\frac{t}{60} + 0.74\right\}e^{1.692n} \quad (0 < t) \quad (4\text{-}35)$$

式中，δ 为火灾后剪切强度修正系数；n 为轴向比；t 为火灾暴露时间。

式（4-34）、式（4-35）计算结果与试验结果对比如图 4-49（a）所示。结果表明最大误差小于 5%，变异系数为 0.0194。此外，图 4-49（b）为使用式（4-32）和式（4-34）计算相关文献试验与计算结果的比较，最大误差不超过 20%，整体计算结果偏安全。

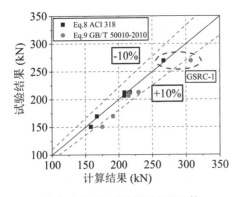
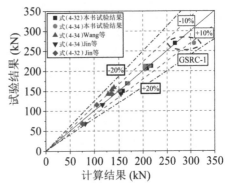

（a）未修正公式计算误差的比较　　（b）更正公式的计算误差比较

图 4-49　计算结果与试验结果误差散点图

4.4　本　章　小　结

通过 5 个套筒灌浆连接装配式混凝土试件和 1 个整体现浇试件常温下与火灾后的低周反复加载试验，研究了套筒灌浆连接装配式混凝土柱的抗震性能。建立有限元数值模型进行了参数分析，得出以下主要结论：

（1）试件的主要破坏模式包括弯剪破坏、剪切粘结破坏和灌浆层破坏。在常温下，试件发生弯剪破坏；受火 60min 后，轴压比为 0.1 的试件发生灌浆层破坏，其余试件均为剪切粘结破坏。

（2）试件的受火时间和轴压比对其抗震性能影响显著。受火 60min 和 97min 后，试件的承载力分别降低 17.92% 和 29.29%，延性系数分别下降 25.65% 和 27.09%，初始刚度分别降低 34.24% 和 53.54%，等效黏滞系数分别降低 6.71% 和 7.22%；轴压比为 0.3 的试件,其承载力比轴压比为 0.1 的试件提高 8.36%,延性系数降低 8.7%,初始刚度下降 8.18%,等效黏滞系数降低 10.1%。

(3)火灾后,现浇试件在承载力、延性和刚度退化方面均大于预制装配试件,但预制装配试件的耗能能力优于现浇试件。与现浇试件相比,预制装配试件的承载力降低 13.64%,延性系数降低 4%,初始刚度降低 36.25%,等效黏滞系数则提高 2.12%。

(4)有限元参数分析显示,受火时间、剪跨比、混凝土强度等级、轴压比均对试件的承载力有明显影响。受火 60min、90min、120min 后,试件承载力分别降低 26.1%~31.4%、36.8%~44.1%、45.6%~53.7%;与剪跨比为 1.5 的试件相比,剪跨比为 2.0、2.5、3.0 的试件峰值荷载降低 18.1%~23.7%、36.4%~38.8%、45.5%~52.9%;与混凝土强度等级为 C30 的试件相比,混凝土强度等级为 C35、C40、C45 的试件峰值荷载提高 2.1%~10.2%、4.4%~15.5%、7.1%~18.7%;与轴压比为 0.1 的试件相比,轴压比为 0.2、0.3、0.4 的试件峰值荷载提高 14.8%~24.2%、26.3%~35.3%、35.1%~40.3%。

(5)建立了一个考虑受火时间、剪跨比、混凝土强度等级、轴压比影响的火灾后套筒灌浆连接装配式混凝土柱的承载力计算公式,并引入承载力退化系数 K_D 进行计算。该公式与模拟结果的对比显示,计算公式具有较高的精准度,可为火灾后灌浆连接装配式混凝土柱承载力评估提供依据。

第 5 章

套筒灌浆连接装配式
混凝土剪力墙受力性能

5.1 引　言

剪力墙作为建筑中重要的受力构件之一，其力学性能对结构安全性具有重要影响。本章通过开展常温及火灾高温后套筒灌浆连接装配式混凝土剪力墙低周反复加载试验，研究了受火时间、暗柱、套筒灌浆连接对火灾后套筒灌浆连接装配式混凝土剪力墙破坏形态、滞回特性、承载力、延性、刚度、耗能能力的影响。基于 ABAQUS 数值软件建立了套筒灌浆连接装配式混凝土剪力墙有限元模型，并通过加载试验的结果对模型精度进行了验证。最后拓展参数分析进一步研究了受火时间、轴压比、剪跨比对火灾后套筒灌浆连接装配式混凝土剪力墙承载力的影响。

5.2 套筒灌浆连接混凝土剪力墙抗震性能试验研究

5.2.1 试验概况

设计并制作了 5 榀套筒灌浆连接装配式混凝土剪力墙试件和 1 榀用于对比的现浇钢筋混凝土剪力墙试件。5 个预制装配试件中，其中 1 个进行常温下低周反复加载试验，4 个进行火灾后的低周反复的加载试验。研究受火时间、边缘构件设置、连接方式对常温以及火灾后筒灌浆连接装配式混凝土剪力墙受力性能的影响。

1. 试件设计

依据《高层建筑混凝土结构技术规程》JGJ 3、《建筑抗震设计标准》GB/T 50011、《混凝土结构设计标准》GB/T 50010 和《装配式混凝土结构技术规程》JGJ 1 进行试件设计。试件由墙体、顶部加载梁和地梁组成，墙体尺寸为高 1600mm、厚 200mm、长 1000mm；边缘暗柱尺寸为 200mm×200mm。加载梁长 1260mm，截面尺寸为 300mm×300mm；地梁长 1900mm，截面尺寸为 350mm×400mm。墙体的水平和纵向钢筋均采用直径 12mm 的 HRB400 钢筋，暗柱的纵向钢筋和箍筋分别采用直径 12mm 和 8mm 的 HRB400 钢筋；加载梁和地梁采用直径 16mm 的通长筋和直径 8mm 的箍筋。墙体纵向钢筋的保护层厚度为 38mm。试件尺寸及配筋如图 5-1 所示。

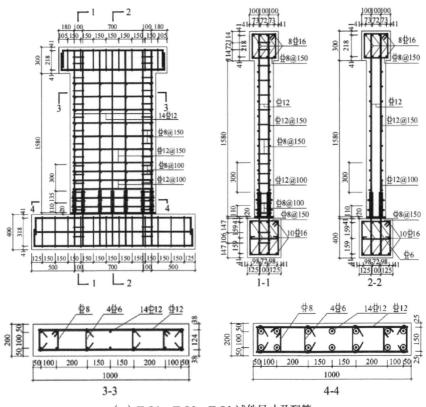

（a）JLQ1、JLQ2、JLQ3 试件尺寸及配筋

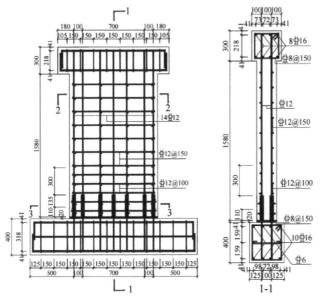

（b）JLQ4、JLQ5 试件尺寸及配筋

图 5-1　试件尺寸及配筋

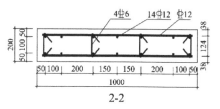

（b）JLQ4、JLQ5 试件尺寸及配筋

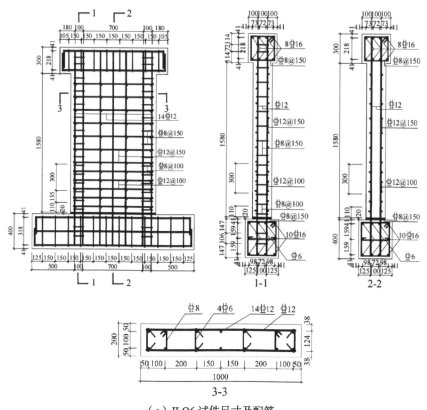

（c）JLQ6 试件尺寸及配筋

图 5-1　试件尺寸及配筋（续）

　　试件设计考虑了三种参数的影响：受火时间（0min、60min、113min）、边缘构件（是否设有暗柱）和连接方式（套筒灌浆连接与现浇）。试件编号为 JLQ1～JLQ6，混凝土强度等级为 C40，轴压比为 0.12。其中，JLQ1～JLQ5 为套筒灌浆连接的预制装配式混凝土剪力墙，JLQ6 为现浇混凝土剪力墙。JLQ1 的受火时间为 0min；JLQ2 和 JLQ4 的受火时间为 60min；JLQ3、JLQ5 和 JLQ6 的受火时间为 113min。试件设计的主要参数见表 5-1。

试件主要参数   表 5-1

试件编号	混凝土强度等级	轴压比 n	边缘构件	受火时间 t（min）	浇筑方式
JLQ1	C40	0.12	暗柱	0	预制
JLQ2	C40	0.12	暗柱	60	预制
JLQ3	C40	0.12	暗柱	113	预制
JLQ4	C40	0.12	无暗柱	60	预制
JLQ5	C40	0.12	无暗柱	113	预制
JLQ6	C40	0.12	暗柱	113	现浇

试验所用套筒为北京某公司生产的 GTQ4J12 全灌浆套筒，套筒采用 Q345B 材质，长度 245mm，外径 38mm，内径 28mm。预制端钢筋插入深度为 112～122mm，灌浆端插入深度为 95～115mm，生产工艺为机械加工。套筒预埋于预制墙体底部，用于连接预制墙体纵向钢筋与地梁竖向钢筋。预制墙的纵向钢筋插入套筒 115mm，地梁竖向钢筋伸入套筒 110mm，套筒的保护层厚度为 25mm。套筒灌浆连接的示意图及套筒实物照片见图 5-2。

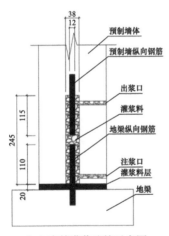 

（a）套筒灌浆连接示意图　　　　（b）套筒实物图

图 5-2　套筒灌浆连接示意及套筒实物图

试验使用的灌浆料为宁波某公司生产的高强无收缩灌浆料Ⅲ类，其初始流动度 ≥290mm，30min 流动度 ≥260mm，1d 抗压强度 ≥20MPa，3d 抗压强度 ≥40MPa，28d 抗压强度 ≥60MPa，3h 竖向膨胀率为 0.1～3.5%，氯离子含量 < 0.1%，泌水率为 0%，水灰比为 0.13。灌浆料用于套筒内注浆以及墙身和地梁之间 20mm 的坐浆层填充。

2. 试件制作

6 榀剪力墙试件所需的材料除了套筒、灌浆料、热电偶，其余材料（钢筋、混凝土等）均由宁波某公司提供。试件制作的主要流程分为以下几步：

（1）钢筋笼的绑扎。为了消除材料批次差异可能带来的影响，采用同一批次的钢筋用于所有试件的制作。钢筋笼绑扎的具体施工如图 5-3 所示。

（a）预制试件钢筋笼的绑扎

（b）热电偶的绑扎
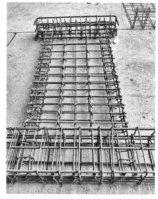
（c）现浇试件钢筋笼的绑扎

图 5-3　钢筋笼的绑扎

（2）模具内定位及混凝土浇筑。为了确保试件的精确性和可靠性，采用刚性更强的钢模具进行试件制作。在试件中预留灌浆所需的孔洞选用聚氯乙烯（PVC）管。每批试件浇筑时均使用同一批次的混凝土。图 5-4 为模具内的定位设置以及混凝土浇筑的具体施工过程。

（a）预制墙体钢筋笼入模

（b）地梁钢筋笼入模

（c）浇筑混凝土

图 5-4　模具内定位及混凝土浇筑

（3）试件养护。混凝土浇筑后的前 72h 试件置于受控环境中，以确保适当的温度和湿度条件，促进水化反应的顺利进行。当混凝土达到足够的初始强度后（通常在浇筑 72h 后）即可进行脱模。脱模后，试件进入为期 28d 的标准养护阶段。在此期间试件被置于标准养护室中，保持恒温（20℃±2℃）和高湿度（相对湿度≥95%）环境。图 5-5 详细展示了试件脱模及混凝土养护过程。

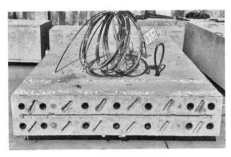

（a）预制墙体脱模养护　　　　　（b）地梁脱模凿毛

图 5-5　试件脱模及混凝土养护

（4）试件吊装及坐浆料封堵。养护结束后，进入试件的安装阶段。使用桁架吊车等将试件移至预定位置。为确保试件与底座之间的紧密接触和受力均匀，采用高性能坐浆料进行封堵。使用高精度水平尺测量试件的安装精度。根据测量结果，通过调节斜撑来微调试件位置。吊装到指定位置后，立即拧紧斜撑，牢固固定试件。在完成固定后，再次进行全面检查，确保所有部件都已正确安装和紧固。图 5-6 中提供了详细的操作示意图。

（a）试件吊装　　　　　（b）确保安装精度　　　　　（c）坐浆料封堵

图 5-6　试件吊装及坐浆料封堵

（5）套筒灌浆及后续整体养护。在进行套筒灌浆之前，必须确保坐浆料已达到足够的强度。可以通过以下方式确保坐浆料强度满足要求：定期进行非破坏性测试，如回弹法或超声波法，以监测强度发展。灌浆的步骤为：使用灌浆设备，确保灌浆压力和速度的一致性；从套筒底部开始灌注，逐渐向上填充，以减少气泡产生。持续观察灌浆过程，确保灌浆料充满整个套筒。为了监控灌浆料的质量，预留了多组试块样品：制作 6 组 40mm×40mm×160mm（长 × 宽 × 高）的棱柱体试块，总计 18 个。

灌浆完成后，试件进入整体养护阶段：保持适当的温度和湿度环境，促进灌浆料的水化反应和强度发展；定期检查试件表面，必要时进行覆盖或喷水处理，防止表面干裂。为确保灌浆过程和养护期间试件不发生变形或位移：保持斜撑支撑系统的稳定性，定期检查并调整斜撑的紧固程度。图 5-7 中提供了详细的操作示意图。

（a）灌浆料制备　　　　　（b）注浆作业　　　　　（c）试件养护

图 5-7　套筒灌浆及后续整体养护

3. 材料性能

（1）混凝土

6 榀剪力墙试件均采用 C40 强度等级的混凝土。试件分六批浇筑，在浇筑 JLQ1（受火时间为 0min）试件时，同时浇筑了三个边长为 100mm×100mm 的混凝土试块，用以进行常温下混凝土立方体抗压强度试验。在浇筑 JLQ2～JLQ6（受火时间为 60 或 113min）试件时，同时浇筑了 6 个边长为 100mm×100mm 的混凝土试块，分成两组，每组三个。其中一组用于进行常温下混凝土立方体抗压强度的试验，另一组则在与相应试件相同的火灾作用后进行抗压强度试验。

所有混凝土试块与剪力墙试件均置于相同的养护环境中，以确保试块和试件经历相同的环境条件。所有混凝土立方体抗压强度试验均在剪力墙试件进行拟静力加载试验的当天完成。混凝土材性试验依据《混凝土物理力学性能试验方法标准》GB/T 50081—2019 在宁波大学试验室的 TYE-3000B 型压力试验机上进行，具体试验过程见图 5-8，试验结果记录在表 5-2 中。

（a）试验加载装置　　　　（b）受火 0min 混凝土试块破坏

（c）受火 60min 混凝土试块破坏　（d）受火 113min 混凝土试块破坏

图 5-8　混凝土抗压强度试验

混凝土抗压强度试验结果　　　　　表 5-2

试件编号	常温下试块		火灾后试块	
	抗压强度 f_{cu}（MPa）	平均抗压强度 f_{cu}（MPa）	抗压强度 f_{cu}（MPa）	平均抗压强度 f_{cu}（MPa）
JLQ1	47.7	48.1	—	—
	48.6		—	
	47.9		—	
JLQ2	46.8	48.2	34.27	32.90
	49.4		32.68	
	48.4		31.74	
JLQ3	48.4	47.9	9.26	11.54
	48.1		12.14	
	47.2		13.21	
JLQ4	48.8	48.7	35.41	34.12
	47.1		32.42	
	50.3		34.53	

续表

试件编号	常温下试块		火灾后试块	
	抗压强度 f_{cu}（MPa）	平均抗压强度 f_{cu}（MPa）	抗压强度 f_{cu}（MPa）	平均抗压强度 f_{cu}（MPa）
JLQ5	50.1	48.4	13.88	14.58
	46.9		15.12	
	48.1		14.75	
JLQ6	49.8	47.1	10.98	12.33
	43.8		13.16	
	47.7		12.84	

（2）钢筋

6榀剪力墙试件的制作过程中使用了8mm、12mm和16mm三种直径的钢筋，所有钢筋均采用HRB400级。在钢筋笼的绑扎过程中，预留了8mm、12mm和16mm直径的钢筋各三根，每根长度为450mm。钢筋的拉伸试验按照《金属材料 拉伸试验 第1部分：室温试验方法》GB/T 228.1—2021在微机控制电液伺服试验机上进行。试验过程如图5-9所示。通过材性试验钢筋屈服强度和极限强度结果记录在表5-3中。

（a）8mm钢筋拉伸试验　　　（b）12mm钢筋拉伸试验　　　（c）16mm钢筋拉伸试验

图5-9　钢筋拉伸试验

钢筋材性实测结果　　　　表5-3

直径（mm）	屈服强度 f_y（MPa）	平均屈服强度 f_y（MPa）	极限强度 f_u（MPa）	平均极限强度 f_u（MPa）
8	463	453	671	658

续表

直径 （mm）	屈服强度 f_y （MPa）	平均屈服强度 f_y （MPa）	极限强度 f_u （MPa）	平均极限强度 f_u （MPa）
8	451	453	659	658
	445		645	
12	448	447	641	646
	459		658	
	433		638	
16	424	439	629	643
	436		644	
	458		656	

（3）灌浆料

灌浆料制备完成后在注浆作业前预留 12 个共四组 40mm×40mm×160mm 的长方体试块，一组用于常温下灌浆料试块抗折强度和抗压强度试验，另外三组与试件一起放入火灾炉中，与试件经历相同时间的火灾作用后再进行灌浆料试块抗折强度和抗压强度试验。

在火灾升温试验中，三组灌浆料试块均发生爆裂，因此无法测得火灾后灌浆料试块抗折强度和抗压强度。本次灌浆料试块抗折强度和抗压强度试验按照《水泥胶砂强度检验方法（ISO 法）》GB/T 17671—2021 在微机控制电液伺服万能试验机上进行，试验如图 5-10 所示，由试验所得的常温下灌浆料试块抗折强度和抗压强度如表 5-4 所示。

（a）试验加载装置　　　　（b）抗折强度试验　　　　（c）抗压强度试验

图 5-10　灌浆料材性试验

灌浆料材性试验结果　　　　　　　　表 5-4

试件编号	抗折强度（MPa）	平均抗折强度（MPa）	抗压强度 f_{cu}（MPa）	平均抗压强度 f_{cu}（MPa）
1	9.93		65.9	
			67.2	
2	10.26	10.12	70.1	68.3
			68.3	
3	10.18		67.8	
			70.5	

4. 加载方案

（1）加载装置

低周反复加载试验装置为 YJ-JY-12000 型建研式加载装置（MTS 液压伺服作动器量程为推 1500kN，拉 1000kN），如图 5-11 所示。

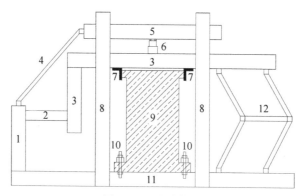

图 5-11　试验装置

1—反力架；2—MTS 液压伺服作动器；3—L 形梁；4—支杆；5—反力梁；6—液压千斤顶；
7—限位挡板；8—竖向钢柱；9—剪力墙；10—钢压梁及螺杆；11—基座；12—四连杆系统

试验中竖向荷载通过 YSF-I/31.5-3 型液压加载伺服控制系统控制的液压千斤顶施加，并通过 L 形梁传递给试件。液压千斤顶的上部安装有带滑槽的低摩擦滑板小车，该小车在加载时能够跟动，从而保证试验过程中竖向荷载的恒定性。水平荷载则由控制系统控制的 MTS 液压伺服作动器施加，通过安装在 L 形梁上的限位挡板传递给剪力墙。一个四连杆系统将 L 形梁与基座相连，保证在试验加载过程中 L 形梁的平动，同时还限制了 L 形梁在垂直于基座方向上的移动。

（2）加载制度

试验共对 6 榀剪力墙（1 榀未受火，5 榀受火）进行低周反复加载试验，试验荷载施加分为竖向荷载和水平荷载两部分，竖向荷载的大小根据式（5-1）计算。

$$N = n \cdot 0.88 \cdot \alpha_{c1} \cdot \alpha_{c2} \cdot f_{cu} \cdot h_w \cdot b_w \qquad (5-1)$$

其中 n 为试验轴压比 0.12，α_{c1} 为棱柱体与立方体抗压强度比值，α_{c2} 为混凝土脆性折减系数，本次试验混凝土强度等级按 C40 设计，因此 α_{c1} 为 0.76，α_{c2} 为 1.0，f_{cu} 为试验加载当天混凝土立方体试块的抗压强度试验值（根据表 5-2，将 JLQ1～JLQ6 的所有常温下混凝土抗压强度取平均值得到 f_{cu} 为 48.1MPa），h_w 为墙体宽度 1000mm，b_w 为墙体厚度 200mm，计算所得 $N = 772$kN。

将计算所得的 772kN 减去 L 形横梁的自重 35kN 得到试验中施加的竖向荷载为 737kN。在施加竖向荷载时，首先施加 737kN 的 50%，然后逐步加载至 737kN，并在后续整个试验过程中保持恒定。

在施加完 737kN 的竖向荷载并保持恒定后，再施加水平荷载。水平加载采用位移控制方式。如图 5-12 所示，当加载位移小于等于 4mm 时，每级加载位移的增幅为 1mm，循环 1 次，加载速度为 0.2mm/s；加载位移超过 4mm 后，每级加载位移的增幅调整为 4mm，循环 3 次，加载速度为 0.4mm/s。在进入下降段后的某一级位移中，若第 1 次循环荷载下降至峰值荷载的 85% 以下，或在同一级位移的不同循环中，第 2 次循环的峰值荷载下降至第 1 次循环的 85% 以下，则认为试件已发生破坏，此时将试件拉回原位并停止加载。

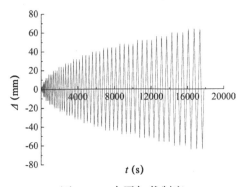

图 5-12　水平加载制度

试验中主要测定剪力墙加载梁左右两侧面中心处的水平位移和水平力，相关数据由 MTS 控制系统自动采集。为了监测地梁的水平位移，在地梁处安装了水平位移计。试验过程中，位移计的实测数据总体为 0，说明试验过程中试件底部固定不动。

5.2.2　常温下试件开裂情况及破坏形态

为了便于描述试验过程，定义：（1）有灌浆孔的墙身表面为正面，另一侧为背面。（2）剪力墙受到水平推力时为正向，对应的 Δ 和 P 为正值；剪力墙受到水平拉力时为反向，对应的 Δ 和 P 为负值。（3）按照试验时所画网格对剪力墙正面和背面定义坐标系，以墙体左下角为坐标原点，网格大小为 50mm×50mm，横、纵坐标单位为 mm，坐标系定义如图 5-13 所示。

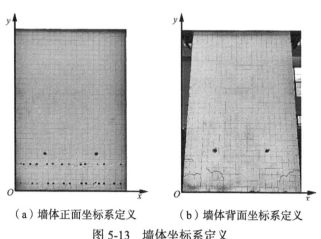

（a）墙体正面坐标系定义　　　　（b）墙体背面坐标系定义

图 5-13　墙体坐标系定义

对于常温试件 JLQ1，试验过程中，在加载位移 Δ 为 ±1～±8mm 范围内，墙身表面未出现明显变化。当加载位移 Δ ＝＋ 12mm 第 1 次循环时，墙身正面左侧下方距地梁 265mm 处（0，265）出现第一条裂缝，水平扩展至（200，250）。加载位移 Δ ＝ -12mm 第 1 次循环时，P ＝ -365kN，墙身正面右侧下方距地梁 300mm 处出现两条裂缝。随着加载位移增加至 Δ ＝ ±16mm，墙身正面和背面套筒区域内均有裂缝不断生成。加载位移 Δ ＝ ±20mm 时，裂缝继续延伸，并在墙体下部的中间位置形成交叉裂缝。加载位移 Δ ＝ ±24mm 时，裂缝与加载位移为 20mm 时变化不大。加载位移 Δ ＝ ±28mm 时，原有裂缝继续延伸拓展。加载位移 Δ ＝ ±32mm 时，上部灌浆孔上方水平裂缝不断加大，并与墙身背面水平裂缝相连，裂缝宽度为 6mm 左右，墙身正面右侧脚部坐浆层上界面与墙身下界面处出现轻微裂缝现象。加载位移 Δ ＝ ±36mm 时，墙身背面右侧裂缝附近出现混凝土剥落现象。加载位移 Δ ＝ ±40mm 时，墙身正面上部灌浆孔上方水平破坏裂缝继续拓宽，达到了 8mm 左右，并在墙身正面右侧坐浆层上界面与墙身下界面处出现明显脱开现象，脱开区域水平长度达到了 230mm 左右。加载位移 Δ ＝ ±44mm 时，脱开现象更加明显，水平长度继续增加。加载位移 Δ ＝ ±48mm 时，墙体下部右侧上部灌浆孔上方水平裂缝继续拓宽，脱开区域水平长度达到了 300mm 左右。加载位移 Δ ＝ ±52mm 时，墙体下部右侧上部灌浆孔上方水平裂缝加深至 12mm 左右，为反向峰值荷载 -597kN 的 82.6%，此时试件被认为破坏，墙身正面右侧脚部坐浆层上界面与墙身下界面处脱开区域水平长度达到了350mm左右。将试件拉回原位后停止加载,试验结束,最终破坏形态如图5-14所示。

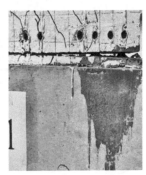

　（a）墙身正面　　　（b）墙身背面　　　（c）左侧破坏裂缝　　　（d）灌浆料层与墙身脱开

图5-14　JLQ1最终破坏形态

5.2.3　火灾升温试验

1. 试验装置

火灾升温试验在火灾试验室进行。试验装置包括火灾炉、烟道、喷火燃烧器、风机及电脑监测控制系统等。炉内左右两侧各设有四个喷火燃烧器,使用液化天然气作为燃料。整个火灾升温试验过程由火灾模拟监测控制系统进行控制,试验装置的配置如图5-15所示。

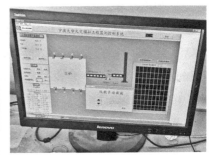

　（a）火灾炉　　　　（b）喷火燃烧器　　　（c）风机及电脑监测控制系统

图5-15　火灾试验装置

2. 测点布置

火灾升温试验过程中为了测量墙体内部的不同温度分布及变化历程,共在JLQ3剪力墙中预埋了4个热电偶,热电偶均采用铠装热电偶（WRKKG-91WG-310型）,直径为5mm,长度为7m。其中1～3号热电偶布置在距地梁顶部120mm的墙体横截面上，1号热电偶布置于箍筋中点处，2号热电偶布置于套筒外侧，3号热电偶布置于截面中心处的拉结筋上，4号热电偶布置于距地梁顶部800mm的墙体横截面中心的拉结筋上，热电偶具体的埋设位置及绑扎如图5-16所示。

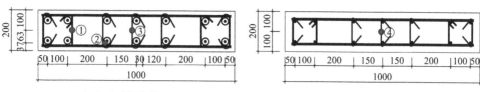

（a）试验加载装置　　　　　　　　　　　　（b）抗折强度试验

（c）3号热电偶绑扎　　　　　　　　　　　　（d）4号热电偶绑扎

图5-16　热电偶布置

3. 加热方案

火灾升温试验分3炉进行，JLQ2、JLQ4为第一炉，受火升温时间为60min；JLQ5、JLQ6为第二炉，受火升温时间为113min；JLQ3为第三炉，受火升温时间为113min，5个试件受火方式均为四面受火，升温曲线均采用ISO 834标准升温曲线，由于试验装置限制，试件在受火过程中没有施加荷载，升温试验前用防火棉对剪力墙的加载梁和地梁进行包裹以减少高温带来的损伤，三批试件升温试验前在炉膛中的放置状态如图5-17所示。

加热过程中，当达到预定的升温时间后，熄火打开炉门使试件在自然状态下冷却。炉膛内部的升降温曲线由炉内热电偶记录并由火灾模拟监测控制系统自动采集。JLQ3试件4个热电偶的数据线在其火灾升温试验前与火灾模拟监测控制系统的连接线相连，火灾升温过程中的数据由火灾模拟监测控制系统自动采集。

（a）JLQ2、JLQ4入炉

（b）JLQ5、JLQ6入炉

（c）JLQ3入炉

图5-17　试件入炉

4. 火灾升温试验结果

（1）墙身表面宏观形态

在火灾升温试验过程中，三炉的炉膛升降温曲线如图5-18所示。受火后的JLQ2～JLQ6试件墙身表面如图5-19所示。从图5-19可以看出，受火60min的试件墙身表面呈现青灰色，表面出现不规则裂缝和较多裂纹；受火113min的试件墙身表面整体呈现土黄色，墙身表面出现红色斑点和大量裂缝及裂纹。第三炉JLQ3试件墙身表面局部地区出现混凝土轻微剥落现象。5榀剪力墙经历火灾作用后均未出现混凝土爆裂现象。

（2）热电偶实测结果及分析

根据图5-16所示的热电偶布置方案，由火灾模拟监测控制系统测得第三炉火灾升温炉膛温度及试件JLQ3内部各测点实测温度T随时间t的变化曲线如图5-20所示。各测点的最高温度及到达最高温度的时间点如表5-5所示。

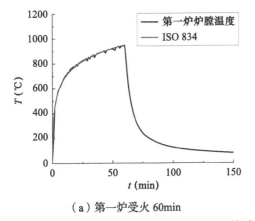
（a）第一炉受火60min

（b）第二、三炉受火113min

图5-18　炉膛升降温曲线

151

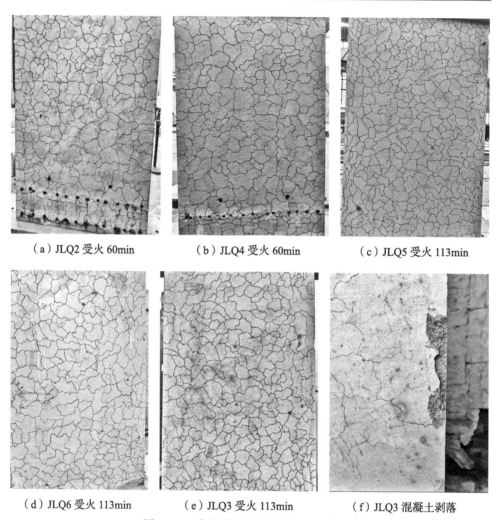

（a）JLQ2 受火 60min　　　　（b）JLQ4 受火 60min　　　　（c）JLQ5 受火 113min

（d）JLQ6 受火 113min　　　　（e）JLQ3 受火 113min　　　　（f）JLQ3 混凝土剥落

图 5-19　受火后试件墙身表面宏观形态

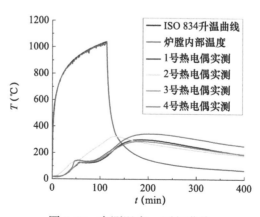

图 5-20　实测温度－时间曲线

不同测点的最高温度　　　　　　　　　　　　　　　　　　表 5-5

测点位置	测点编号	距表面位置（mm）	最高温度（℃）	到达最高温度的时间（min）
120mm 横截面处	1	100	300	186
	2	37	324	129
	3	100	287	185
800mm 横截面处	4	100	345	201

根据图 5-20 与表 5-5 可以得出：

（1）第三炉炉膛内部升温段温度与 ISO 834 标准升温曲线的升温段近乎吻合。4 个热电偶测点经历的升降温过程大致相同。距离构件表面越近的测点（2 号测点）到达最高温度的时间比距离构件表面较远的测点（1 号、3 号、4 号测点）到达最高温度的时间更快。这是由于熄火后试件外围区域温度高，中心区域温度低，热量由外围区域向中心区域传递，导致试件外围区域温度开始降低，而中心区域温度继续升高，进而使中心区域的测点到达最高温度的时间延后。

（2）2 号测点在 125℃时升温速率降低；1 号、3 号测点在 124℃左右以及 4 号测点在 139℃时均存在明显的温度平台。这是由于混凝土内部水分迁移蒸发，吸收热量，导致构件温度停止上升，直到水分完全蒸发。2 号测点由于距离构件表面较近，所以没有出现明显的温度平台段，而是表现为升温速率的降低。

（3）距离试件表面 100mm 的三个测点中，4 号测点的最高温度比 1 号、3 号测点高了近 50℃。这是由于熄火后打开炉门，炉内空间形成上下热对流，导致炉内上方温度高，下方温度低，进而导致横截面 120mm 处的 1 号、3 号测点的最高温度低于 800mm 处的 4 号测点。

5.2.4　火灾高温后试验结果及分析

1. 破坏过程

（1）试件 JLQ2

在加载位移 Δ 为 ±（1mm、2mm、3mm、4mm、8mm）时，墙身表面未见明显变化。加载位移 Δ＝＋12mm 时，墙身正面（50，250）处出现第一条短水平裂缝，延伸至（0，250）处；加载位移 Δ＝−12mm 时，墙身背面（180，380）处出现斜裂缝，延伸至（225，360）处。加载位移 Δ＝−16mm 时，墙身套筒区域周围产生大量裂缝。加载位移 Δ＝−20mm 时，墙身正面与背面距地梁 100～400mm 范围内出现多处斜裂缝，并在墙体下部中间位置形成交叉裂缝，如图 5-21 所示。

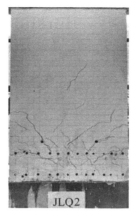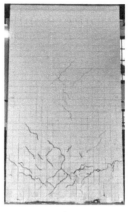

（a）墙身正面　　　　　（b）墙身背面

图 5-21　JLQ2 加载位移为 −20mm 时的裂缝发展情况

加载位移 Δ = −24mm 时，原有裂缝继续朝墙体中间延伸。加载位移 Δ = + 28mm 时，套筒区域及其上方 350mm 范围内裂缝更加密集，右侧墙体下部暗柱区域水平斜裂缝出现混凝土轻微剥落现象。加载位移 Δ = + 32mm 时，墙身背面右侧下部暗柱区域原斜裂缝继续拓宽，裂缝宽度达 7mm 左右；加载位移 Δ = −32mm 时，P = −546kN，墙身正面右侧下部出现宽度达 10mm 的斜裂缝，并在墙体右侧面形成连通裂缝。加载位移 Δ = + 36mm 时，承载力开始下降，墙身正面左侧裂缝宽度达 10mm；加载位移 Δ = −36mm 时，墙身正面右侧下部套筒区域上方裂缝继续拓宽。加载位移 Δ = + 40mm 时，墙体正面左侧裂缝附近出现混凝土鼓包；加载位移 Δ = −40mm 时，墙体背面裂缝周围出现严重混凝土剥落，约有一根长度为 100mm 的水平钢筋裸露。加载位移 Δ = + 44mm 时，墙身背面裸露的水平钢筋长度约为 350mm；加载位移 Δ = −44mm 时，墙身正面新出现一条宽度约 8mm 的斜裂缝。加载位移 Δ = + 48mm 时，墙体背面裸露出两个套筒；加载位移 Δ = −48mm 时，墙身正面裸露出 2 根水平钢筋和 1 根箍筋。当加载位移进行到 Δ = + 48mm 第三次循环的 34.7mm 时，试件的刚度和承载力急剧下降，此时的承载力为第二次循环峰值荷载 519kN 的 69.8%，认为试件已破坏，将竖向荷载加载至 0kN 后将试件拉回原位，试验结束，最终破坏形态如图 5-22 所示。

（2）试件 JLQ3

在加载位移 Δ = ±（1mm、2mm、3mm、4mm、8mm）时，墙身表面均无明显现象。加载位移 Δ = −12mm 时，P = −297kN，墙身正面出现两条斜裂缝。加载位移 Δ = −16mm 时，墙身背面左侧暗柱区域出现水平斜裂缝。加载位移 Δ = + 20mm 时，墙身正面在距地梁 250～500mm 范围内出现许多斜裂缝。加载位移 Δ = + 24mm 时，墙体背面裂缝向中间发展；加载位移 Δ = −24mm 时，墙身正面套筒区域和距地梁 250～

700mm 范围内裂缝分布集中且交叉。加载位移 $\varDelta = 24$mm 三次循环结束时的墙身裂缝发展如图 5-23 所示。

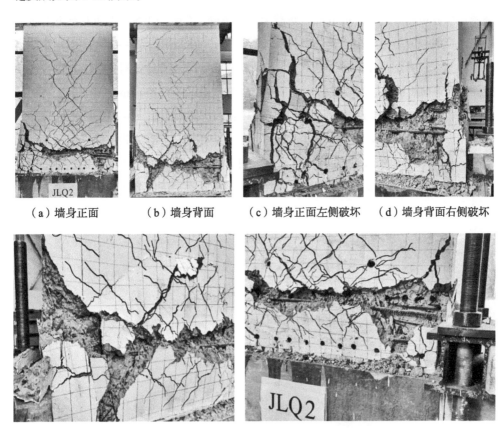

　（a）墙身正面　　　　（b）墙身背面　　　（c）墙身正面左侧破坏　　（d）墙身背面右侧破坏

　　　　（e）墙身背面左侧破坏　　　　　　　　（f）墙身正面右侧破坏

图 5-22　JLQ2 最终破坏形态

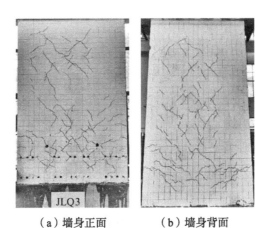

　（a）墙身正面　　　　（b）墙身背面

图 5-23　JLQ3 加载位移为 24mm 时的裂缝发展情况

加载位移 $\varDelta$ = −28mm 时，裂缝延伸、拓宽。加载位移 $\varDelta$ = ＋32mm 时，墙身正面左侧下部（0，285）处出现宽约 6mm 的裂缝，正面右侧下部（1000，300）亦出现裂缝。加载位移 $\varDelta$ = ＋36mm 时，承载力开始下降，P = 510kN，正面右侧下部裂缝拓宽，背面裂缝附近混凝土剥落。加载位移 $\varDelta$ = ＋40mm 时，P = ＋493kN，正面出现新裂缝并伴有混凝土鼓出。加载位移 $\varDelta$ = −40mm 时，墙身右侧和背面左侧裂缝拓宽并出现混凝土鼓出。加载位移 $\varDelta$ = ＋44mm 时，正面露出 100mm 水平钢筋，背面露出 2 个套筒和 2 根水平钢筋，同时混凝土破坏和鼓出现象加重。加载位移 $\varDelta$ = −48mm 时，正面和背面距地梁 0～350mm 范围内混凝土破坏加重。当加载位移进行到 $\varDelta$ = ＋48mm 第三次循环的 23.3mm 时，承载力急剧下降至 342kN，为 $\varDelta$ = ＋48mm 第二次循环峰值荷载的 75.8%。此时试件破坏，卸至结束试验，试件最终破坏形态如图 5-24所示。

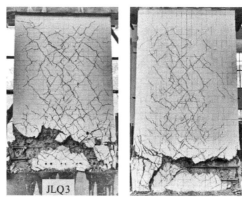

（a）墙身正面　　　　（b）墙身背面

图 5-24　JLQ3 最终破坏形态

（3）试件 JLQ4

在加载位移 $\varDelta$ = ±（1mm、2mm、3mm、4mm、8mm）时，墙身表面均无明显现象发生。加载位移 $\varDelta$ = ＋12mm 第一次循环时，墙身正面从（0，330）处出现第一条水平裂缝，延伸至（100，330）处。加载位移 $\varDelta$ = −12mm 第一次循环时，墙身正面下部出现 2 条斜裂缝。加载位移 $\varDelta$ = ±16mm 时，墙身下部套筒区域附近出现新的斜裂缝。加载位移 $\varDelta$ = ±20mm 时，墙身距地梁 250～500mm 范围内出现较多斜裂缝。加载位移 $\varDelta$ = ±24mm 时，墙身正面和背面在套筒区域及其上方 400mm 范围内分布大量斜裂缝。试件加载位移 $\varDelta$ = ＋24mm 三次循环结束时的墙身裂缝发展如图 5-25 所示。加载位移 $\varDelta$ = ＋28mm 时，墙身背面距地梁 0～800mm 范围内分布大量裂缝。

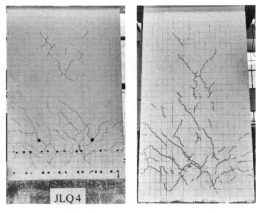

（a）墙身正面　　　　（b）墙身背面

图 5-25　JLQ4 加载位移为 24mm 时的裂缝发展情况

加载位移 $\Delta = \pm 32\text{mm}$ 时，墙体右侧（0，240）处出现宽约 5mm 的裂缝，正面右侧下部坐浆层上界面与墙身下界面脱开约 100mm。加载位移 $\Delta = \pm 36\text{mm}$ 时，墙身正面右侧下部的坐浆层上界面与墙身下界面脱开长度达 150mm，墙身背面左侧下部脱开长度达 160mm。加载位移 $\Delta = \pm 40\text{mm}$ 时，承载力开始下降，墙身正面出现混凝土剥落。加载位移 $\Delta = \pm 44\text{mm}$ 时，墙身左侧面混凝土破坏加重，两个端部套筒均裸露约 100mm，正面右侧下部坐浆层脱开长度达 200mm，背面左侧下部脱开长度达 230mm。加载位移 $\Delta = \pm 48\text{mm}$ 时，墙身正面左侧脚部混凝土破坏加重。加载位移 $\Delta = -48\text{mm}$ 时，承载力为峰值荷载 -552kN 的 82.8%。此时认为试件破坏，将试件拉回原位后停止加载，试验结束，试件的最终破坏形态如图 5-26 所示。

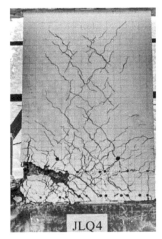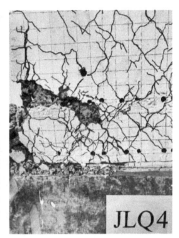

（a）墙身正面　　　　　（b）墙身背面　　　　（c）墙身正面左侧脚部破坏

图 5-26　JLQ4 最终破坏形态

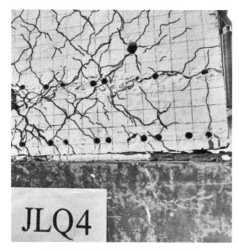 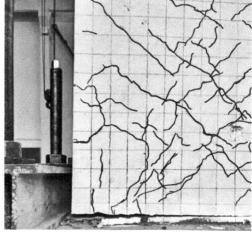

（d）墙身正面右侧灌浆料层脱开　　　　（e）墙身背面左侧灌浆料层脱开

图 5-26　JLQ4 最终破坏形态（续）

（4）试件 JLQ5

在加载位移 $\Delta = \pm$（1mm、2mm、3mm、4mm、8mm）时，墙身表面无明显现象发生。加载位移 $\Delta = +$ 12mm 第一次循环时，墙身正面出现 3 条斜裂缝。加载位移 $\Delta = -12$mm 循环时，墙身正面和背面新增 2 条裂缝。加载位移 $\Delta = \pm 20$mm 循环时，墙身正面和背面地梁 100~450mm 范围内新增大量斜裂缝。加载位移 $\Delta = \pm 24$mm 循环时，墙身背面距地梁 1050~1450mm 范围的墙体中间出现 6 条斜裂缝，并与原有裂缝相接，在墙体中间上部形成交叉裂缝。加载位移 $\Delta = \pm 28$mm 三次循环结束时，墙身正面和背面距地梁 100~450mm 处裂缝分布密集，墙体腹中出现较多交叉裂缝，$\Delta = 28$mm 墙身裂缝发展如图 5-27 所示。

（a）墙身正面　　　　（b）墙身背面

图 5-27　JLQ5 加载位移为 28mm 时的裂缝发展情况

加载位移 $\varDelta = \pm 32$mm 第一次循环时，墙身正面左侧在（0，290）～（75，250）出现裂缝，宽度约为 3mm；墙身背面右侧（1000，215）处出现裂缝并伴有混凝土轻微剥落。加载位移 $\varDelta = \pm 36$mm 循环时，墙身正面右侧下部出现裂缝，从（1000，250）延伸至（900，250），宽度约为 7mm，并且原裂缝宽度达到 10mm 左右。加载位移 $\varDelta = \pm 40$mm 循环时，墙身正面右侧下部套筒区域新增一条裂缝；墙身背面左侧下部套筒区域出现 2 条裂缝。加载位移 $\varDelta = \pm 44$mm 第一次循环时，墙身背面露出一个端部套筒，高度约为 150mm，墙身正面右侧下部套筒端部区域裂缝进一步发展。加载位移 $\varDelta = \pm 48$mm 循环时，墙身正面左侧下部距地梁 0～300mm 范围内混凝土迅速破坏，裸露出 2 根水平钢筋和 1 个端部套筒，墙身背面的端部套筒裸露并倾斜约 15°，套筒内的上部连接竖向钢筋被拉断。加载位移 $\varDelta = -48$mm 第三次循环至 -46.89mm时，承载力急剧下降至 366kN，此时承载力为 $\varDelta = -48$mm 第二次循环峰值荷载437kN 的 83.5%，认为试件破坏，将竖向荷载卸至 0kN 后试验结束，试件的最终破坏形态如图 5-28 所示。

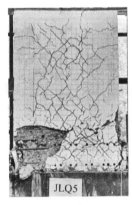 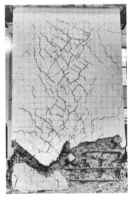

（a）墙身正面　　　　（b）墙身背面

图 5-28　JLQ5 最终破坏形态

（5）试件 JLQ6

在加载位移 $\varDelta = \pm$（1mm、2mm、3mm、4mm、8mm）时，墙身表面无明显现象发生。加载位移 $\varDelta = \pm 12$mm 循环时，墙身正面墙体左侧下部出现 2 条裂缝。加载位移 $\varDelta = \pm 16$mm 第一次循环时，墙身正面新增 3 条裂缝，背面新增 2 条斜裂缝。加载位移 $\varDelta = \pm 20$mm 循环时，原有裂缝不断向墙体中部延伸。加载位移 $\varDelta = \pm 24$mm循环时，墙身正面和背面在距地梁 200～500mm 范围内出现较多斜裂缝，墙体中部上部形成较多交叉裂缝。加载位移 $\varDelta = \pm 28$mm 第一次循环时，墙身正面和背面原有裂缝继续向中部发展，正面右侧和背面左侧暗柱区域出现较多斜裂缝，并与墙体中部裂缝相接。

加载位移 $\Delta = \pm 32$mm 循环时，墙身正面上部新增 1 条斜裂缝，背面新增 2 条裂缝，正面底部新增 1 条水平裂缝，从（925，75）延伸至（700，55）处。加载位移 $\Delta = \pm 36$mm 循环时，墙体左右两侧水平裂缝增多，左侧裂缝不断向右侧延伸。加载位移 $\Delta = \pm 40$mm 第一次循环时，墙身正面左侧脚部和右侧下部、背面右侧下部出现裂缝。加载位移 $\Delta = \pm 44$mm 循环时，墙身正面和背面新增裂缝，正面右侧下部原裂缝宽度达 10mm。加载位移 $\Delta = \pm 48$mm 循环时，墙身正面左侧脚部和右侧下部混凝土破坏，出现剥落现象。加载位移 $\Delta = \pm 52$mm 循环时，正面左侧脚部距地梁 0~150mm 范围内混凝土破坏加重，背面裂缝进一步拓宽至 15mm。加载位移 $\Delta = \pm 56$mm 循环时，正面和背面裸露竖向连接钢筋，并发生弯曲。加载位移 $\Delta = \pm 60$mm 第一次循环时，承载力开始下降，正面和背面端部竖向连接钢筋在原弯曲处发生断裂。加载位移 $\Delta = \pm 64$mm 循环时，墙身正面右侧脚部和背面左侧脚部混凝土进一步破坏剥落，背面左侧脚部裸露出竖向连接钢筋，高度约为 100mm。加载位移 $\Delta = -64$mm 第三次循环至 -28.04mm 时，承载力急剧下降至 286kN，试件承载力为 $\Delta = -64$mm 第二次循环峰值荷载 494kN 的 57.89%。此时试件破坏，将竖向荷载卸至 0kN 后试验结束，试件的最终破坏形态如图 5-29 所示。

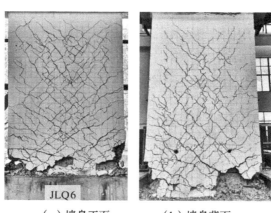

（a）墙身正面　　　　　（b）墙身背面

图 5-29　JLQ6 最终破坏形态

2. 破坏形态

根据上述试件开裂情况及破坏过程可以看出以下几点。第一，6 个剪力墙的首条裂缝均在加载位移 12mm 时在墙体下部出现，然后向墙体中间延伸并交叉发展。第二，6 个剪力墙的破坏均发生在墙体下部。与常温未受火的 JLQ1 试件相比，受火后的 JLQ2～JLQ6 试件在破坏时墙体下部均出现混凝土剥落现象，且受火时间越长，混凝土剥落越严重。第三，试验过程中，套筒灌浆连接装配式混凝土剪力墙的集中破坏区域主要在两处，一是套筒上部相邻截面，二是坐浆层与墙底结合面。与此不同的是，现浇剪力破坏主要发生在墙身与地梁交界处，该地方混凝土被压溃。由此可见，由于套筒的约束作用，套筒灌浆连接剪力墙的混凝土破坏区域较现浇剪力墙上移。

3. 滞回曲线

由于组合材料具有弹塑性特性，其弹性变形能力较小。当试件经历非弹性变形后再卸载，将产生一定程度的残余变形，即使荷载降为 0，试件相对于初始位置仍存在一些变形，此现象被称为"滞后"。因滞后现象的存在，在反复荷载作用下，试件的荷载－位移曲线形成环状，即滞回曲线。滞回曲线是一个综合性曲线，反映了结构或试件在循环往复荷载条件下的整体响应。滞回曲线为研究结构或构件的力学和抗震性能提供了依据，包括承载力、变形特性、强度和结构耗能表现等。

结构或构件的滞回曲线可以根据其形状特征分为四类：梭形、弓形、反 S 形和 Z 形。其中，梭形滞回曲线的形状饱满，不受滑移剪切的影响，且不存在捏缩效应。该曲线能够全面反映整个结构或构件的优异抗震性能和耗能能力，在荷载作用下塑性变形能力强。一般情况下，承受弯曲型破坏的结构或构件在经过反复荷载作用后会呈现出梭形滞回曲线（图 5-30）。

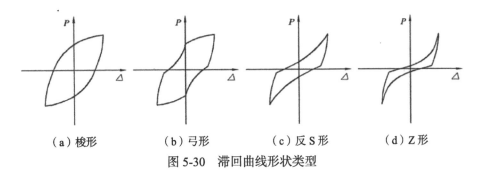

（a）梭形 　　（b）弓形 　　（c）反 S 形 　　（d）Z 形

图 5-30　滞回曲线形状类型

弓形滞回曲线相对于梭形滞回曲线表现出少量的捏缩和滑移剪切影响。产生弓形滞回曲线的结构或构件仍然有较好的抗震性能和耗能能力，弹塑性变形能力较强。弓形滞回曲线常见于具有较大剪跨比、剪力较小且配有一定箍筋的弯剪试件和压弯剪试件，同时常规钢筋混凝土结构在反复荷载作用下也多表现出弓形滞回曲线。

反 S 形滞回曲线的捏缩效应明显，因此其曲线不够饱满，表现出较多的滑移或剪切影响。在经过反复荷载作用后产生反 S 形滞回曲线的结构或构件抗震性能和耗能能力相对较差，不够理想。一般情况下，在具有剪切变形较大的试件中，例如框架梁柱节点和剪跨比较小的剪力墙等，容易出现反 S 形滞回曲线的情况。

　　Z形滞回曲线反映出大量的剪切或滑移影响，滞回耗能较低，在小变形阶段强度不高。此类滞回曲线主要出现在由剪切变形产生的试件，或者是钢筋锚固过程中存在相对大滑移的试件。在结构设计阶段，应尽可能避免这种情况的发生，以确保结构在荷载作用下具有良好的抗震性能和耗能能力。

　　在反复荷载作用下，多数结构或构件的滞回曲线形状往往不是单一的，而是经历了从梭形向弓形、反S形再到Z形的变化过程。这种滞回曲线形状的变化，反映了结构或试件逐渐破坏的过程。当结构或试件接近破坏时，其滞回曲线通常会表现出较大的捏缩效应，捏缩程度主要取决于混凝土受拉裂缝的拓展宽度、受拉钢筋的伸长应变、钢筋与混凝土的相对滑移以及混凝土在压力下发生的塑性（残余）变形累积和中和轴的变化等因素。

　　本试验由MTS数据采集系统所得6榀剪力墙试件的水平荷载－位移（$P-\Delta$）滞回曲线如图5-31所示。

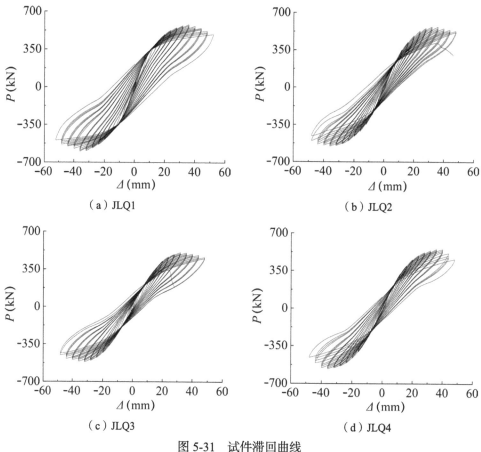

（a）JLQ1　　　　　　　　　（b）JLQ2

（c）JLQ3　　　　　　　　　（d）JLQ4

图5-31　试件滞回曲线

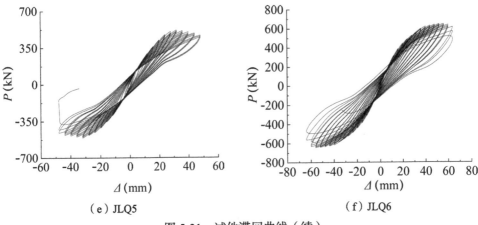

（e）JLQ5　　　　　　　　　　　　（f）JLQ6

图 5-31　试件滞回曲线（续）

对比 JLQ1、JLQ2、JLQ3 试件的滞回曲线可以看出，与常温未受火的试件相比，经历火灾作用后的试件滞回环圈数减少，滞回曲线饱满程度降低，承载力下降，且受火时间越长，饱满程度和承载力的下降越明显。对比 JLQ2 与 JLQ4 试件、JLQ3 与 JLQ5 试件的滞回曲线可以看出，在受火时间分别为 60min 和 113min 情况下，有暗柱试件的滞回曲线更加饱满。在相同受火时间下，暗柱的存在可以提高套筒灌浆连接混凝土剪力墙的耗能能力，但对极限变形能力影响不大。对比 JLQ3 与 JLQ6 试件的滞回曲线可以看出，在受火时间为 113min 情况下，现浇剪力墙的承载力和极限变形能力大于套筒灌浆连接装配式剪力墙。

4. 骨架曲线

由图 5-31 的 6 榀剪力墙试件的滞回曲线提取出相应的骨架曲线，并按照不同受火时间、有无边缘构件、不同连接方式工况下进行各试件骨架曲线的对比，分别如图 5-32～图 5-34 所示。

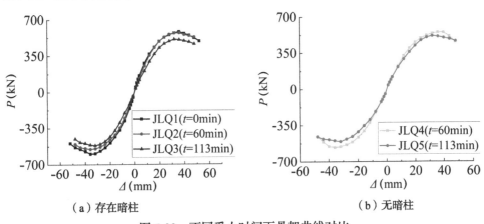

（a）存在暗柱　　　　　　　　　　（b）无暗柱

图 5-32　不同受火时间下骨架曲线对比

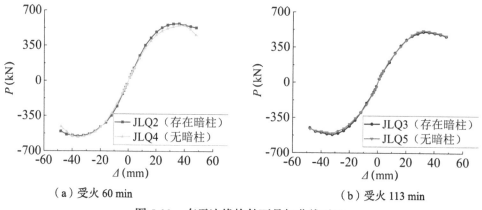

（a）受火 60 min　　　　　　　　　　　（b）受火 113 min

图 5-33　有无边缘构件下骨架曲线对比

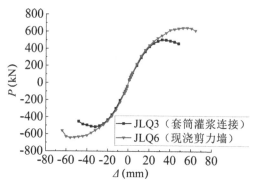

图 5-34　不同连接方式下骨架曲线对比

从图 5-32 可以看出，各试件骨架曲线均存在直线上升段（弹性工作阶段）、曲线上升段（弹塑性工作阶段）和下降段（破坏阶段）。随着受火时间的增加，试件的峰值荷载下降，骨架曲线上升段斜率减小，表明试件刚度较低。相同荷载下，受火后的试件对应的位移更大，体现出明显的火灾"软化"现象。从图 5-33 可以看出，在相同受火时间下，试件的峰值荷载近乎相等，极限位移均为 48mm。经历火灾作用后，暗柱对套筒灌浆连接剪力墙的承载力和极限变形能力影响不大。从图 5-34 可以看出，在受火 113min 情况下，相较于现浇剪力墙，套筒灌浆连接剪力墙骨架曲线的直线上升段斜率小，表明初始刚度较低，极限位移降低，极限变形能力减弱。

5. 承载力、延性及变形

对 6 榀剪力墙骨架曲线进行处理，表 5-6 为 6 个试件的屈服荷载 P_y、屈服荷载对应的位移 Δ_y、峰值荷载 P_{max}、峰值荷载对应的位移 Δ_{max}、极限位移 Δ_u、极限位移角 θ_u 和位移延性系数 μ 等骨架曲线特征值。其中屈服点采用如图 4-26 所示的作图法确定，取过原点与荷载上升段峰值荷载的 75% 点的割线与经过峰值荷载水平线的交点作垂线与骨架曲线相交，该交点即为屈服点。极限位移为承载力下降至峰值荷载 85% 时对应的位移；极限位移角 θ_u 通过 $\theta_u = \Delta_u/H$（Δ_u 为极限位移，H 为位移测点距墙底的高度，6 榀剪力墙 H 均为 1750mm）计算；位移延性系数为极限位移 Δ_u 与屈服位移 Δ_y 的比值。表 5-6 中数据取为正向和负向加载正负绝对值之和的平均值。

骨架曲线特征点 表 5-6

试件编号	P_y（kN）	Δ_y（mm）	P_{max}（kN）	Δ_{max}（mm）	Δ_u（mm）	θ_u	μ
JLQ1	513.4	22.2	589.3	35.9	51.1	1/34	2.302
JLQ2	488.9	21.4	561.7	36.0	48.0	1/36	2.243
JLQ3	456.7	22.6	511.8	32.0	48.0	1/36	2.124
JLQ4	489.1	22.7	557.4	35.9	46.6	1/38	2.053
JLQ5	459.9	23.5	511.1	31.9	48.0	1/36	2.043
JLQ6	551.9	31.5	645.6	56.0	63.9	1/27	2.029

从表 5-6 可以看出，当存在暗柱时，与常温未受火的 JLQ1 试件相比，受火 60min 的 JLQ2 试件屈服荷载下降 4.77%，峰值荷载下降 4.68%，屈服位移下降 3.60%，峰值位移增加 0.28%，极限位移下降 6.07%，位移延性系数降低 2.56%；受火 113min 的 JLQ3 试件屈服荷载下降 11.04%，峰值荷载下降 13.15%，屈服位移增加 1.80%，峰值位移下降 10.86%，极限位移下降 6.07%，位移延性系数降低 7.73%。无暗柱时，与受火 60min 的 JLQ4 试件相比，受火 113min 的 JLQ5 试件屈服荷载下降 5.97%，峰值荷载下降 8.31%，屈服位移增加 3.52%，峰值位移下降 11.14%，极限位移增加 3.00%，位移延性系数降低 0.49%。这表明试件在火灾作用后的承载力和延性均有所降低，且火灾持续时间越长，其承载力和延性的降低越明显。

在受火时间为 60min 时，存在暗柱的 JLQ2 试件与没有暗柱的 JLQ4 试件相比，屈服荷载降低 0.04%，峰值荷载增加 0.77%，屈服位移降低 5.73%，峰值位移增加 0.28%，极限位移增加 3.00%，位移延性系数增加 9.25%。在受火时间为 113min 时，存在暗柱的 JLQ3 试件与没有暗柱的 JLQ5 试件相比，屈服荷载降低 0.70%，峰值荷载增加 0.14%，屈服位移降低 3.83%，峰值位移增加 0.31%，极限位移未变，位移延性系数增加 3.96%。这说明在相同受火时间下，虽然暗柱对承载力的提升不明显，但能提升位移延性。

在受火时间为 113min 时，套筒灌浆连接的 JLQ3 试件与现浇的 JLQ6 试件相比，屈服荷载下降 17.25%，峰值荷载下降 20.72%，屈服位移下降 28.25%，峰值位移下降 42.86%，极限位移下降 24.88%，位移延性系数增加 4.68%。经过 113min 火灾作用后，套筒灌浆连接剪力墙的承载力较现浇剪力墙降低，但延性有所增加。

JLQ1~JLQ6 试件的极限位移角分别为 1/34、1/36、1/36、1/38、1/36、1/27，与现浇剪力墙极限位移角 1/27 相比，火灾后套筒灌浆连接剪力墙的极限位移角有所减小，但是仍然远远大于规范所要求的剪力墙结构在罕遇地震作用下的弹塑性位移角限值 1/120 的限制要求，说明火灾后套筒灌浆连接剪力墙依旧具有良好的变形能力。

6. 刚度退化

试件的刚度可以由平均割线刚度 K_i 来表征，K_i 的计算如图 5-35 与式（5-2）所示。

$$K_i = \frac{|P_i| + |-P_i|}{|\varDelta_i| + |-\varDelta_i|} \tag{5-2}$$

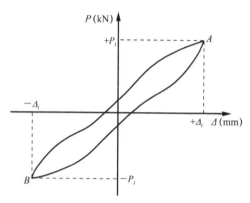

图 5-35　平均割线刚度计算示意图

式中，K_i 表示第 i 次循环的平均割线刚度，P_i、$-P_i$ 分别表示第 i 次循环正向、反向加载峰值荷载值；$\varDelta_i$、$-\varDelta_i$ 分别表示第 i 次循环正向、反向峰值荷载对应的位移值。

根据上述平均割线刚度计算方法所得的试件初始刚度 K_0、屈服时对应的刚度 K_y、加载至峰值荷载时的刚度 K_{max} 如表 5-7 所示。

试件不同加载阶段的刚度　　　　　　　　　　　　表 5-7

试件编号	K_0（kN/mm）	K_y（kN/mm）	K_{max}（kN/mm）
JLQ1	35.09	23.24	16.39
JLQ2	31.61	22.95	15.63
JLQ3	25.36	20.24	15.98
JLQ4	28.33	21.63	15.52
JLQ5	27.19	19.60	15.99
JLQ6	27.97	17.55	11.53

受火时间、暗柱、连接方式对试件平均割线刚度的影响情况分别如图 5-36~图 5-38 所示。

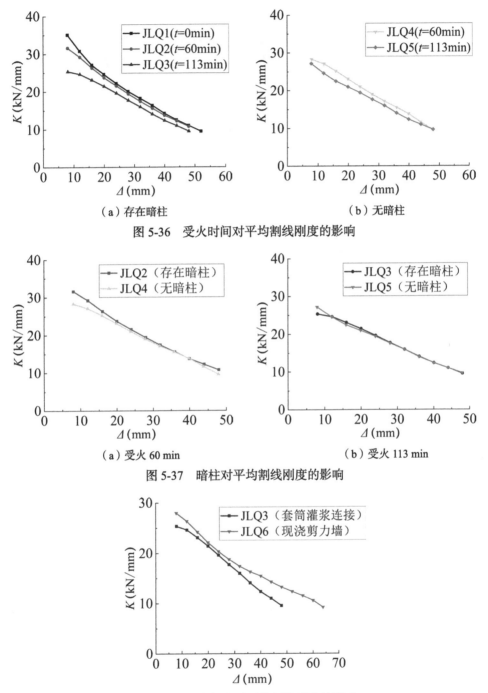

（a）存在暗柱   （b）无暗柱

图 5-36 受火时间对平均割线刚度的影响

（a）受火 60 min   （b）受火 113 min

图 5-37 暗柱对平均割线刚度的影响

图 5-38 连接方式对平均割线刚度的影响

结合表 5-7 与图 5-36~图 5-38 可以看出，无论是常温下还是受火后，试件的刚度都随位移的增加而减少。随着加载过程的进行，常温下与受火后的试件刚度逐渐靠拢。

这主要是由于当接近破坏时，混凝土逐渐失效，试件的刚度主要依赖于剪力墙墙身钢筋。与常温未受火的 JLQ1 试件相比，受火 60min 的 JLQ2 试件的初始刚度（K_0）降低 9.92%，屈服刚度（K_y）降低 1.25%，最大刚度（K_{max}）降低 4.64%；受火 113min 的 JLQ3 试件的 K_0 降低 27.73%，K_y 降低 12.91%，K_{max} 降低 2.50%。与受火 60min 的 JLQ4 试件相比，受火 113min 的 JLQ5 试件的 K_0 降低 4.02%，K_y 降低 9.39%，K_{max} 增加 3.03%。经历火灾作用后，套筒灌浆连接的剪力墙刚度普遍降低，且受火时间越长，刚度降低越明显。

在受火 60min 的情况下，与没有暗柱的 JLQ4 试件相比，有暗柱的 JLQ2 剪力墙试件的 K_0 增加 11.58%，K_y 增加 6.10%，K_{max} 增加 0.71%；在受火 113min 的情况下，与没有暗柱的 JLQ5 试件相比，有暗柱的 JLQ3 试件的 K_0 降低 6.73%，K_y 增加 3.27%，K_{max} 降低 0.06%。暗柱的存在能显著提高套筒灌浆连接混凝土剪力墙的刚度，主要是由于暗柱中的箍筋在一定程度上能抑制端部裂缝的扩展，特别是在受火 60min 时，效果更为显著；而在受火 113min 时，暗柱的提升效果则有所减弱。在受火 113min 后，与现浇剪力墙试件 JLQ6 相比，套筒灌浆连接剪力墙试件 JLQ3 的刚度总体降低。

7. 耗能能力

试件的耗能能力可以由等效黏滞阻尼比 h_e 衡量，试件的 h_e 值越大，则试件的耗能能力越强，h_e 的计算方法如图 5-39 和式（5-3）所示。

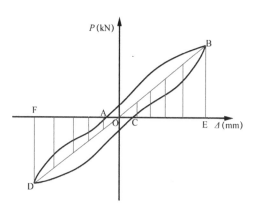

图 5-39 等效黏滞阻尼比计算示意图

图 5-39 中 ABCD 为各级位移下首次加载的滞回环，E、F 分别为滞回环中正向加载最大荷载和反向加载最大荷载对应的位移在横坐标上的点，O 为坐标原点。

$$h_e = \frac{1}{2\pi} \cdot \frac{S_{ABCD}}{S_{\triangle OBE} + S_{\triangle ODF}} \qquad （5-3）$$

式（5-3）中 S_{ABCD} 表示各级位移下首次加载的滞回环所围成的面积，$S_{\triangle OBE}$ 和 $S_{\triangle ODF}$ 分别表示正向加载最大荷载及其位移和反向加载最大荷载及其位移所围成的三角形面积。试件初始等效黏滞阻尼比 $h_{e,0}$、屈服时对应的等效黏滞阻尼比 $h_{e,y}$、加载至峰值荷载时的等效黏滞阻尼比 $h_{e,max}$、破坏时对应等效黏滞阻尼比 $h_{e,u}$ 如表 5-8 所示。

试件不同加载阶段的等效黏滞阻尼比　　　　　　　　　　　表 5-8

试件编号	$h_{e,0}$	$h_{e,y}$	$h_{e,max}$	$h_{e,u}$
JLQ1	0.0512	0.0612	0.1089	0.1854
JLQ2	0.0536	0.0629	0.0868	0.1183
JLQ3	0.0756	0.0613	0.0747	0.1167
JLQ4	0.0447	0.0509	0.0716	0.1061
JLQ5	0.0722	0.0599	0.0628	0.0789
JLQ6	0.0436	0.0469	0.0919	0.1158

受火时间、暗柱、连接方式对试件等效黏滞阻尼比的影响情况分别如图 5-40～图 5-42 所示。

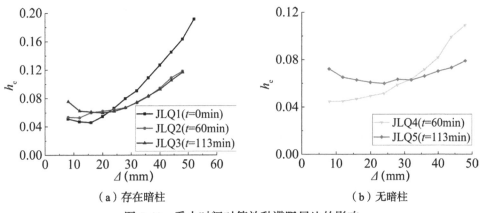

（a）存在暗柱　　　　　（b）无暗柱

图 5-40　受火时间对等效黏滞阻尼比的影响

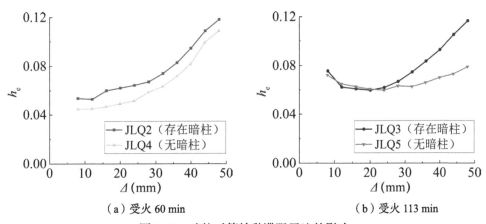

（a）受火 60 min　　　　　（b）受火 113 min

图 5-41　暗柱对等效黏滞阻尼比的影响

169

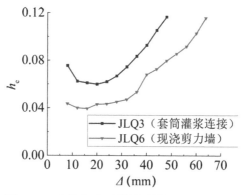

图 5-42　连接方式对等效黏滞阻尼比的影响

结合表 5-8 与图 5-40 可以发现：常温及受火后的试件等效黏滞阻尼比 h_e 均随位移的增加而先减小后增大。与常温未受火 JLQ1 试件相比，受火 60min 的 JLQ2 试件 $h_{e,0}$ 增加 4.69%，$h_{e,y}$ 增加 2.78%，$h_{e,max}$ 下降 20.29%，$h_{e,u}$ 下降 36.19%；受火 113min 的 JLQ3 试件 $h_{e,0}$ 增加 47.66%，$h_{e,y}$ 增加 0.16%，$h_{e,max}$ 下降 31.40%，$h_{e,u}$ 下降 37.06%；与受火 60min 的 JLQ4 试件相比，受火 113min 的 JLQ5 试件 $h_{e,0}$ 增加 61.52%，$h_{e,y}$ 增加 17.68%，$h_{e,max}$ 下降 12.29%，$h_{e,u}$ 下降 25.64%。经历火灾作用后的套筒灌浆连接剪力墙的耗能能力在到达屈服前要高于常温下剪力墙，而在屈服后低于常温下剪力墙；受火时间越长，剪力墙屈服前的耗能能力越大，屈服后的耗能能力在有暗柱情况下没有较大变化，在无暗柱情况下耗能能力越小。

结合表 5-8 与图 5-41 可以发现：在受火 60min 情况下，与没有暗柱的 JLQ4 试件相比，有暗柱的 JLQ2 试件 $h_{e,0}$ 增加 19.91%，$h_{e,y}$ 增加 23.58%，$h_{e,max}$ 增加 21.23%，$h_{e,u}$ 增加 11.50%；在受火 113min 情况下，与没有暗柱的 JLQ5 试件相比，有暗柱的 JLQ3 试件 $h_{e,0}$ 增加 4.71%，$h_{e,y}$ 增加 2.34%，$h_{e,max}$ 增加 18.95%，$h_{e,u}$ 增加 47.91%。经历火灾高温后，暗柱的存在可以提高套筒灌浆连接混凝土剪力墙的耗能能力；受火时间越长，在到达屈服前耗能能力的提升效果越微弱，在到达屈服后的提升效果越显著。

结合表 5-8 与图 5-42 可以发现：与现浇剪力墙 JLQ6 试件相比，套筒灌浆连接剪力墙 JLQ3 试件 $h_{e,0}$ 增加 73.39%，$h_{e,y}$ 增加 30.70%，$h_{e,max}$ 下降 18.72%，$h_{e,u}$ 增加 0.78%。在屈服前，套筒灌浆连接剪力墙的耗能能力要优于现浇剪力墙，在屈服后，套筒灌浆连接剪力墙的耗能能力劣于现浇剪力墙，但破坏时的耗能能力大致相当。

5.3 套筒灌浆连接混凝土剪力墙抗震性能有限元分析

5.3.1 温度场模拟与验证

1. 单元类型及材料热工参数

（1）混凝土

选用八结点线性传热六面体单元（DC3D8），其热工参数根据 EC4 选取，具体如下：

热传导系数 [W/(m·℃)]：

$$\lambda_c = 0.012\left(\frac{T}{120}\right)^2 - 0.24\left(\frac{T}{120}\right) + 2 \qquad 20℃ \leqslant T \leqslant 1200℃ \qquad (5\text{-}4)$$

比热容 [J/(℃·kg)]：

$$c_c = -4\left(\frac{T}{120}\right)^2 + 80\left(\frac{T}{120}\right) + 900 \qquad 20℃ \leqslant T \leqslant 1200℃ \qquad (5\text{-}5)$$

密度 ρ_c 取为 2400kg/m³。

（2）钢筋

套筒内钢筋选用八结点线性传热六面体单元（DC3D8），套筒外钢筋选用两结点传热连接单元（DC1D2），其热工参数根据 EC3 及 EC4 选取，具体如下：

热传导系数 [W/(m·℃)]：

$$\lambda_s = \begin{cases} 54 - 3.33 \times 10^{-2}T & 20℃ \leqslant T \leqslant 800℃ \\ 27.3 & 800℃ < T \leqslant 1200℃ \end{cases} \qquad (5\text{-}6)$$

比热容 [J/(℃·kg)]：

$$C_s = \begin{cases} 425 + 7.73 \times 10^{-1}T - 1.69 \times 10^{-3}T^2 + 2.22 \times 10^{-6}T^3 & 20℃ \leqslant T \leqslant 600℃ \\ 666 - \dfrac{13002}{T-738} & 600℃ < T \leqslant 735℃ \\ 545 + \dfrac{17820}{T-731} & 735℃ < T \leqslant 900℃ \\ 650 & 900℃ < T \leqslant 1200℃ \end{cases}$$

$$(5\text{-}7)$$

密度 ρ_s 取为 7850kg/m³。

（3）灌浆料

选用八结点线性传热六面体单元（DC3D8），有限元模型中的热工参数取为与混凝土热工参数一致。

（4）套筒

选用八结点线性传热六面体单元（DC3D8），有限元模型中的热工参数取为与钢筋热工参数一致。

2. 模型建立及接触设置

根据创建好的部件并对其赋予材料热工参数后进行装配建模，其中受火 113min 后埋有热电偶的套筒灌浆连接混凝土剪力墙 JLQ3 模型如图 5-43 所示。

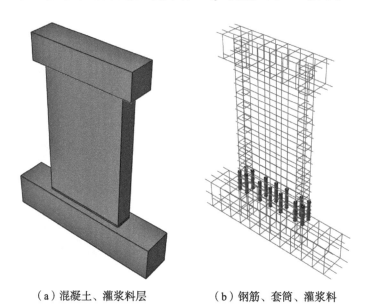

（a）混凝土、灌浆料层 　　　　　（b）钢筋、套筒、灌浆料

图 5-43　JLQ3 有限元模型

对建立好的 JLQ3 模型进行接触设置，其中套筒内钢筋与灌浆料绑定连接，灌浆料与套筒绑定连接，套筒内钢筋内置于灌浆料，钢筋、套筒、灌浆料内置于混凝土。

3. 分析步及边界条件设置

对于受火 113min 的 JLQ3 试件模型来说，分析步时间长度取为 24000（对应为 400min），增量类型为固定，增量步大小为 60，最大增量步数为 400。

在进行边界条件设置前，首先创建一个幅值，内容为炉膛温度 T 随 0~400min 时间 t 的升降温曲线值，并将其命名为"113-400"。随后在模型中设置绝对零度值，取为 $-273.15℃$；设置玻尔兹曼常数值，取为 5.67×10^{-8}。

将 JLQ3 墙身的四个受火面热对流换热系数取为 25W/（$m^2 \cdot ℃$），综合辐射系数取 0.5W/（$m^2 \cdot ℃$），环境温度幅值均设置为"113-400"。背火面热对流换热系数取为

9W/（m²·℃），综合辐射系数取为 0W/（m²·℃），环境温度幅值设置为"113-400"。JLQ3 进行火灾试验时的室温为 20℃，因此将模型的初始预定义温度场的值设为 20℃。

4. 网格划分

各部件网格划分大小为 50，之后将划分好网格单元类型赋予热传递属性，JLQ3 模型网格划分如图 5-44 所示。

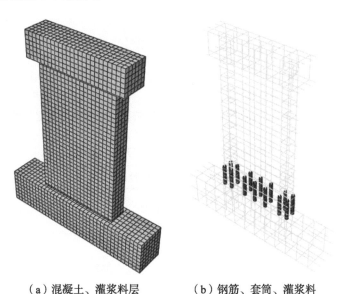

（a）混凝土、灌浆料层　　　（b）钢筋、套筒、灌浆料

图 5-44　JLQ3 有限元模型网格划分

5. 模拟结果及后处理

JLQ3 模型计算后的 4 个热电偶测点升降温曲线数值模拟结果与实测值对比如图 5-45 所示，4 个热电偶测点最高过火温度数值模拟结果与实测值对比如表 5-9 所示。

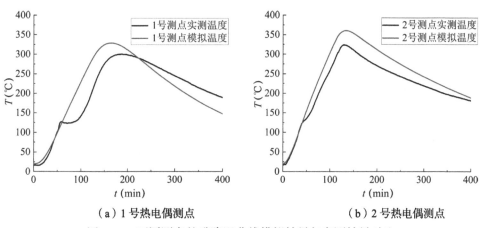

（a）1 号热电偶测点　　　　　（b）2 号热电偶测点

图 5-45　不同测点的升降温曲线模拟结果与实测结果对比

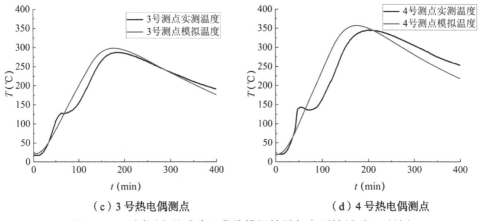

（c）3 号热电偶测点　　　　　　　　　（d）4 号热电偶测点

图 5-45　不同测点的升降温曲线模拟结果与实测结果对比（续）

不同测点的最高温度模拟值与实测值对比　　　　　　　　表 5-9

测点位置	测点编号	模拟最高温度（℃）	试验最高温度（℃）	模拟与试验差值（℃）
120mm 横截面处	1	328	300	28
	2	360	324	36
	3	298	287	11
800mm 横截面处	4	357	345	12

　　整体来看，有限元模拟分析结果与试验结果较为接近。提取各节点所记录的最高温度，并将这些数据保存到包含部件名称、节点编号及最高温度的 FIL 文件中，用于火灾后剪力墙受力性能的数值模拟。

5.3.2　火灾后抗震性能分析数值模型及验证

1. 单元类型及材料力学性能

复制温度场有限元模型文件，并对材料的单元类型及力学性能进行修改。

（1）混凝土

混凝土单元类型选用 C3D8R，高温加热后混凝土的抗压强度、弹性模量、受压应力－应变关系均参考相关文献。

抗压强度：

$$\frac{f_{c,T_m}}{f_c} = \begin{cases} 1.0 - 0.58194\left(\dfrac{T_m - 20}{1000}\right) & T_m \leqslant 200℃ \\ 1.145 - 1.39255\left(\dfrac{T_m - 20}{1000}\right) & T_m > 200℃ \end{cases} \qquad (5\text{-}8)$$

弹性模量:

$$\frac{E_{c,T_m}}{E_c} = \begin{cases} -1.335\left(\dfrac{T_m}{1000}\right) + 1.027 & T_m \leqslant 200℃ \\[3mm] 2.382\left(\dfrac{T_m}{1000}\right) - 3.371\left(\dfrac{T_m}{1000}\right) + 1.335 & 200℃ < T_m \leqslant 600℃ \end{cases}$$

$$(5-9)$$

受压应力-应变关系:

$$y = \begin{cases} 0.628x + 1.741x^2 - 1.371x^3 & x \leqslant 1 \\[3mm] \dfrac{0.674x - 0.217x^2}{1 - 1.326x + 0.78x^2} & x > 1 \end{cases} \qquad (5-10)$$

式中: $x = \varepsilon/\varepsilon_{0,T_m}$; $y = \sigma/\sigma_{0,T_m}$

$$\frac{\varepsilon_{0,T_m}}{\varepsilon_0} = \begin{cases} 1.0 & T_m \leqslant 200℃ \\[3mm] 0.577 + 2.352\left(\dfrac{T_m - 20}{1000}\right) & T_m > 200℃ \end{cases} \qquad (5-11)$$

$$\frac{\sigma_{0,T_m}}{\sigma_0} = \begin{cases} 1.0 - 0.582\left(\dfrac{T_m - 20}{1000}\right) & T_m \leqslant 200℃ \\[3mm] 1.146 + 1.393\left(\dfrac{T_m - 20}{1000}\right) & T_m > 200℃ \end{cases} \qquad (5-12)$$

式中, T_m 为最高过火温度, σ_{0,T_m}、ε_{0,T_m} 为高温过火后混凝土峰值应力和峰值应变, σ_0、ε_0 为常温下混凝土峰值应力和峰值应变。

高温过火后混凝土抗拉强度:

$$f_{t,T_m} = (1 - 0.001T_m)f \qquad 20℃ \leqslant T_m \leqslant 1000℃ \qquad (5-13)$$

有限元模型中对于混凝土受拉软化性能选择采用混凝土应力断裂能关系来描述,高温后混凝土的断裂能根据文献选用:（20℃）359.68N/m、（65℃）427.58N/m、（120℃）406.8N/m、（200℃）316.65N/m、（300℃）438.59N/m、（350℃）491.48N/m、（400℃）442.72N/m、（450℃）488.48N/m、（500℃）330.24N/m、（600℃）233.11N/m,对1200℃的断裂能取为0,600~1200℃的断裂能采用线性内插法获得。

混凝土的泊松比取为0.2,对于混凝土塑性阶段的定义如下:膨胀角取为38°,流动偏心率取为0.1,双轴极限抗压强度和单轴极限抗压强度比值取为1.16,拉伸子午面和压缩子午面上第二应力不变量比值取为2/3,黏性参数取为0.005。

（2）钢筋

套筒内的钢筋单元类型选为C3D8R,而套筒外的钢筋类型则选为T3D2。根据已有研究，高温过火后，钢筋的力学性能可以基本恢复到常温状态。因此在有限元模拟中，钢筋的屈服应力、极限应力、弹性模量、泊松比以及应力－应变关系曲线均按照常温下的力学性能进行选取。屈服应力和极限应力根据材性试验确定；弹性模量依据《混凝土结构设计标准》GB/T 50010—2010 通过线性内插法计算得出；泊松比设定为0.3；应力－应变关系曲线采用《混凝土结构设计标准》GB/T 50010—2010 中推荐的双折线模型。

（3）灌浆料

将灌浆料的单元类型修改为 C3D8R，高温后灌浆料的抗压强度由材性试验获得，力学性能表达式选取与混凝土一致。

（4）套筒

将套筒的单元类型修改为 C3D8R，高温后套筒的力学性能选取与钢筋一致。

2. 分析步及边界条件设置

在墙身加载梁顶面中心新建参考点 RP-1，并将其与加载梁顶面耦合；在加载梁左侧面中心新建参考点 RP-2，并与加载梁左侧面耦合。重新设置原温度场模型分析步，创建两个新的分析步骤：Step-1 和 Step-2。在 Step-1 中，对 RP-1 施加竖向荷载；在 Step-2 中，对 RP-2 施加水平位移。同时，对地梁施加全部固定的边界条件，并为墙身和加载梁设置限制平面外位移和转动的边界条件。另外，设置灌浆料层上界面与墙身下界面之间的接触相互作用，接触单元的切向采用库仑摩擦模型，摩擦系数为0.6，法向则采用硬接触。灌浆料层下界面与地梁上界面、加载梁下界面与墙身上界面均采用绑定连接。

3. 温度场导入后模型结算结果及分析

网格划分与温度场模型保持一致。完成模型修改后，将模型文件写入输入文件（INP）。将 5.3.1 节中后处理完成的包含部件名称、节点编号和最高温度的 FIL 文件按 INP 文件格式导入，将其放置在 *Step 语句之前，作为剪力墙推覆过程的预定义初始条件。完成导入后，提交运算的 INP 文件以获取结果。JLQ1～JLQ6 的骨架曲线模拟结果与试验结果进行对比如图 5-46 所示，峰值荷载的模拟结果与试验结果对比如表 5-10 所示。

结合图 5-46 和表 5-10 可以看出，6 榀剪力墙试件的骨架曲线模拟结果与试验结果大致相符，模拟骨架曲线的初始刚度和上升段斜率较试验结果略大，这主要是由于有限元建模过程中未考虑钢筋与混凝土、钢筋与灌浆料之间的滑移影响。6 榀剪力墙试件的峰值承载力模拟值与试验值基本一致，最大误差仅为 3.9%。因此，火灾后套筒灌浆连接剪力墙的有限元分析模型的模拟计算结果与试验结果较为接近，表明所建立的模型合理有效。

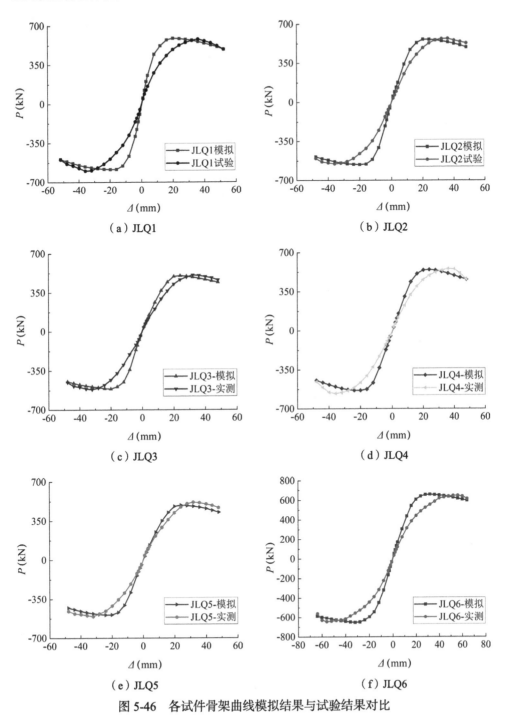

（a）JLQ1

（b）JLQ2

（c）JLQ3

（d）JLQ4

（e）JLQ5

（f）JLQ6

图 5-46 各试件骨架曲线模拟结果与试验结果对比

峰值荷载模拟结果与试验结果对比　　　表 5-10

试件编号	试验峰值承载力（kN）	模拟峰值承载力（kN）	峰值承载力误差（%）
JLQ1	589.3	585.12	0.7
JLQ2	561.7	557.19	0.8
JLQ3	511.8	501.13	2.1
JLQ4	557.4	540.35	3.1
JLQ5	511.1	491.03	3.9
JLQ6	645.6	655.35	1.5

5.3.3 参数分析

1. 模型参数设计

根据 5.3.1 节和 5.3.2 节的建模方法，选择 JLQ3 试件尺寸为模型试件的基本尺寸。考虑了不同的受火时间（采用 ISO 834 标准升温曲线分别进行 60min 和 120min 的受火模拟）、轴压比和剪跨比，以研究这些参数对火灾后套筒灌浆连接混凝土剪力墙受力性能的影响。JLQ3 的剪跨比为 1.75，为实现剪跨比的参数控制，设计中保持剪跨比为 1.25 和 2.25 的试件的墙肢宽度与 JLQ3 相同，仅通过改变墙体高度来调整，同时墙肢厚度也保持不变。模型还包括相应的配筋、材料组成及其力学性能。具体的模型试件设计参数详见表 5-11。

模型试件设计参数　　　表 5-11

试件编号	设计轴压比 n	剪跨比 λ	受火时间 t（min）
ZJLQ1	0.2	1.75	0
ZJLQ2	0.2	1.75	60
ZJLQ3	0.2	1.75	120
ZJLQ4	0.2	1.25	0
ZJLQ5	0.2	1.25	60
ZJLQ6	0.2	1.25	120
ZJLQ7	0.2	2.25	0
ZJLQ8	0.2	2.25	60
ZJLQ9	0.2	2.25	120
ZJLQ10	0.4	1.75	0
ZJLQ11	0.4	1.75	60
ZJLQ12	0.4	1.75	120

续表

试件编号	设计轴压比 n	剪跨比 λ	受火时间 t（min）
ZJLQ13	0.6	1.75	0
ZJLQ14	0.6	1.75	60
ZJLQ15	0.6	1.75	120

2. 受火时间的影响

根据有限元模拟分析结果，得到了不同受火时间下套筒灌浆连接装配式混凝土剪力墙骨架曲线的对比情况如图 5-47 所示，各试件的峰值承载力如表 5-12 所示。

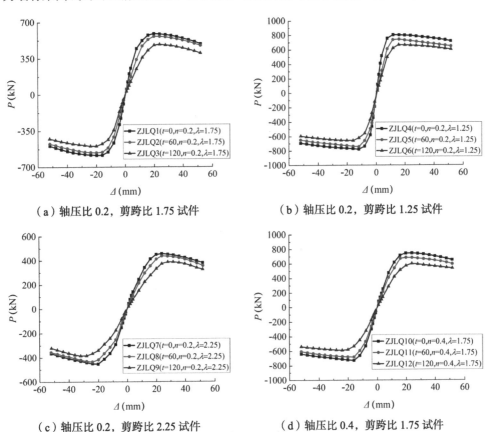

（a）轴压比 0.2，剪跨比 1.75 试件　　（b）轴压比 0.2，剪跨比 1.25 试件

（c）轴压比 0.2，剪跨比 2.25 试件　　（d）轴压比 0.4，剪跨比 1.75 试件

图 5-47　不同受火时间影响下各试件骨架曲线

模型试件峰值承载力　　　　　　表 5-12

试件编号	设计轴压比 n	剪跨比 λ	受火时间 t（min）	峰值承载力（kN）
ZJLQ1	0.2	1.75	0	585.12
ZJLQ2	0.2	1.75	60	557.19

续表

试件编号	设计轴压比 n	剪跨比 λ	受火时间 t（min）	峰值承载力（kN）
ZJLQ3	0.2	1.75	120	491.23
ZJLQ4	0.2	1.25	0	788.34
ZJLQ5	0.2	1.25	60	740.52
ZJLQ6	0.2	1.25	120	659.03
ZJLQ7	0.2	2.25	0	451.27
ZJLQ8	0.2	2.25	60	433.79
ZJLQ9	0.2	2.25	120	387.61
ZJLQ10	0.4	1.75	0	730.14
ZJLQ11	0.4	1.75	60	679.46
ZJLQ12	0.4	1.75	120	593.63
ZJLQ13	0.6	1.75	0	814.66
ZJLQ14	0.6	1.75	60	775.61
ZJLQ15	0.6	1.75	120	662.71

根据图 5-47 和表 5-12 中数据可以看出，火灾显著影响了套筒灌浆连接装配式混凝土柱的承载力和初始刚度。三个轴压比为 0.2，剪跨比为 1.75 的试件（ZJLQ1、ZJLQ2、ZJLQ3），在火灾作用 60min 和 120min 后，试件 ZJLQ2 和 ZJLQ3 的峰值承载力相较于 ZJLQ1 分别下降 4.77% 和 16.05%。三个轴压比为 0.2，剪跨比为 1.25 的试件（ZJLQ4、ZJLQ5、ZJLQ6），受火 60min 和 120min 后，试件 ZJLQ5 和 ZJLQ6 的峰值承载力相较于 ZJLQ4 分别下降 6.07% 和 16.40%。三个轴压比为 0.2，剪跨比为 2.25 的试件（ZJLQ7、ZJLQ8、ZJLQ9），受火 60min 和 120min 后，ZJLQ8 和 ZJLQ9 的峰值承载力较 ZJLQ7 分别下降 3.87% 和 14.11%。三个轴压比为 0.4，剪跨比为 1.75 的试件（ZJLQ10、ZJLQ11、ZJLQ12），受火 60min 和 120min 后，试件 ZJLQ11 和 ZJLQ12 的峰值承载力相比 ZJLQ10 分别下降 6.94% 和 18.70%。三个轴压比为 0.6，剪跨比为 1.75 的试件（ZJLQ13、ZJLQ14、ZJLQ15），受火 60min 和 120min 后，试件 ZJLQ14 和 ZJLQ15 的峰值承载力较 ZJLQ13 分别下降 4.79% 和 18.65%。

总之，火灾显著影响了套筒灌浆连接装配式混凝土柱的承载力和初始刚度。无论轴压比或剪跨比如何，火灾后试件的承载力普遍下降，且随着受火时间的增长，这一下降趋势更为明显。高轴压比条件下，火灾对结构的损伤更为严重。当剪跨比较小时，火灾对承载力的负面影响更加突出。

3. 轴压比的影响

不同轴压比影响下套筒灌浆连接装配式钢筋混凝土剪力墙骨架曲线的对比情况如图 5-48 所示。

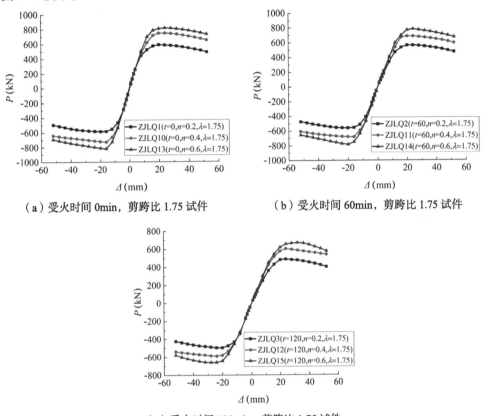

（a）受火时间 0min，剪跨比 1.75 试件　　　　（b）受火时间 60min，剪跨比 1.75 试件

（c）受火时间 120min，剪跨比 1.75 试件

图 5-48　不同轴压比影响下各试件骨架曲线

结合图 5-48 和表 5-12 数据，常温下剪跨比为 1.75 的试件 ZJLQ1、ZJLQ10、ZJLQ13，轴压比为 0.4 和 0.6 的 ZJLQ10、ZJLQ13 试件的峰值承载力，相较轴压比为 0.2 的 ZJLQ1 试件分别增加 24.78% 和 39.23%。受火时间为 60min、剪跨比为 1.75 的试件 ZJLQ2、ZJLQ11、ZJLQ14，轴压比为 0.4 和 0.6 的 ZJLQ11、ZJLQ14 试件的峰值承载力，相较于轴压比为 0.2 的 ZJLQ2 试件分别增加 21.94% 和 39.20%。受火时间为 120min、剪跨比为 1.75 的试件 ZJLQ3、ZJLQ12、ZJLQ15，轴压比为 0.4 和 0.6 的 ZJLQ12、ZJLQ15 试件的峰值承载力，相较于轴压比为 0.2 的 ZJLQ3 试件分别增加 20.85% 和 34.91%。

由此可见，在相同的受火时间和剪跨比条件下，轴压比的增加（在 0.2～0.6 范围内）可以显著提高火灾后套筒灌浆连接混凝土剪力墙的承载力；轴压比越大，承载力的提高幅度也越大。随着受火时间的增加，轴压比对承载力提高的影响逐渐减弱。

4. 剪跨比的影响

不同剪跨比影响下套筒灌浆连接装配式钢筋混凝土剪力墙骨架曲线的对比情况如图 5-49 所示。

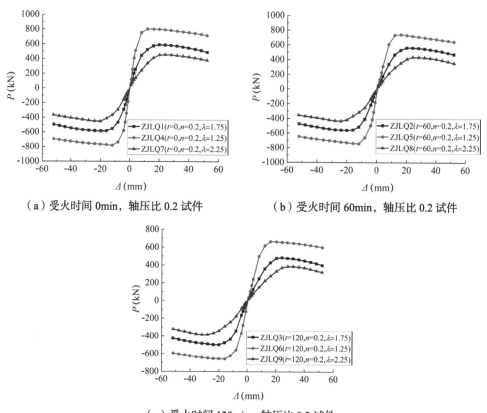

（a）受火时间 0min，轴压比 0.2 试件　　　　（b）受火时间 60min，轴压比 0.2 试件

（c）受火时间 120min，轴压比 0.2 试件

图 5-49　不同剪跨比影响下各试件骨架曲线

根据图 5-56 和表 5-12 中数据，常温下轴压比为 0.2 的试件 ZJLQ1、ZJLQ4、ZJLQ7，剪跨比为 1.75 和 2.25 的 ZJLQ1、ZJLQ7 试件的峰值承载力，相较于剪跨比为 1.25 的 ZJLQ4 试件，分别下降 25.78% 和 42.76%。受火时间为 60min、轴压比为 0.2 的试件 ZJLQ2、ZJLQ5、ZJLQ8，剪跨比为 1.75 和 2.25 的 ZJLQ2、ZJLQ8 试件的峰值承载力，与剪跨比为 1.25 的 ZJLQ5 试件相比分别下降 24.76% 和 41.42%。受火时间为 120min、轴压比为 0.2 的试件 ZJLQ3、ZJLQ6、ZJLQ9，剪跨比为 1.75 和 2.25 的 ZJLQ3、ZJLQ9 试件的峰值承载力，与剪跨比为 1.25 的 ZJLQ6 试件相比分别下降 25.46% 和 41.18%。

由此可见，在相同的受火时间和轴压比条件下，剪跨比的增加（在 1.25～2.25 的范围内）会导致火灾后套筒灌浆连接混凝土剪力墙的承载力降低，且剪跨比越大，降低程度越明显。

5. 火灾后承载力退化与评估

试件 ZJLQ1～ZJLQ15 承载力数值模拟结果和火灾后承载力退化见表 5-13。表 5-13 数据显示，相较常温下，受火 60min 后套筒灌浆连接混凝土剪力墙的承载力降低系数在 0.931～0.961，均值为 0.947；受火 120min 后套筒灌浆连接混凝土剪力墙的承载力降低系数在 0.813～0.860，均值为 0.832。

模型试件峰值承载力与计算抗剪承载力对比　　　　　　表 5-13

试件编号	设计轴压比 n	剪跨比 λ	受火时间 t（min）	模拟承载力（kN）	火灾后承载力退化系数
ZJLQ1	0.2	1.75	0（常温）	585.12	1
ZJLQ2	0.2	1.75	60	557.19	0.952
ZJLQ3	0.2	1.75	120	491.23	0.840
ZJLQ4	0.2	1.25	0（常温）	788.34	1
ZJLQ5	0.2	1.25	60	740.52	0.940
ZJLQ6	0.2	1.25	120	659.03	0.836
ZJLQ7	0.2	2.25	0（常温）	451.27	1
ZJLQ8	0.2	2.25	60	433.79	0.961
ZJLQ9	0.2	2.25	120	387.61	0.860
ZJLQ10	0.4	1.75	0（常温）	730.14	1
ZJLQ11	0.4	1.75	60	679.46	0.931
ZJLQ12	0.4	1.75	120	593.63	0.813
ZJLQ13	0.6	1.75	0（常温）	814.66	1
ZJLQ14	0.6	1.75	60	775.61	0.952
ZJLQ15	0.6	1.75	120	662.71	0.813

根据《高层建筑混凝土结构技术规程》JGJ 3—2010，钢筋混凝土剪力墙抗剪承载力计算公式考虑地震作用组合时应满足：

$$V \leqslant \frac{1}{\gamma_{RE}} \left[\frac{1}{\lambda - 0.5} \left(0.4 f_t b_w h_w + 0.1 N \frac{A_w}{A} \right) + 0.8 f_{yh} \frac{A_{sh}}{S} h_w \right] \qquad (5\text{-}14)$$

式中，V 为剪力设计值。公式右边为常温下钢筋混凝土剪力墙抗剪承载力，其中，γ_{RE} 为承载力抗震调整系数，取为 0.85；λ 为剪跨比，小于 1.5 时取为 1.5，大于 2.2 时取为 2.2；f_t 为混凝土轴心抗拉强度设计值；b_w、h_w 分别为墙肢截面厚度和有效高度；N 为剪力墙的轴向压力设计值；A_w、A 分别为截面的腹板面积和全截面面积，当截面为矩形时，$A_w = A$；f_{yh} 为水平分布钢筋抗拉强度设计值；A_{sh} 为同一截面水平钢筋的面积；S 为水平分布钢筋间的间距。

根据试验结果，同样受火时间下，火灾后套筒灌浆连接装配式混凝土剪力墙 JLQ5 的承载力约为现浇混凝土剪力墙 JLQ6 的 79.1%。基于这一结果，近似认为常温下套筒灌浆连接装配式混凝土剪力墙的承载力亦为现浇混凝土剪力墙的 79.1%，因此，常温下套筒灌浆连接装配式混凝土剪力墙的抗剪承载力应满足：

$$V \leqslant \frac{1}{\gamma_{RE}} \left[\frac{0.791}{\lambda - 0.5} \left(0.4 f_t b_w h_w + 0.1 N \frac{A_w}{A} \right) + 0.633 f_{yh} \frac{A_{sh}}{S} h_w \right] \quad （5\text{-}15）$$

由式（5-15）右边计算式计算得到的试件 ZJLQ1～ZJLQ15 常温下承载力以及火灾后模拟承载力与常温下计算承载力的比值见表 5-14。

火灾后模型承载力与式（5-15）计算承载力的比较　　　表 5-14

试件编号	设计轴压比 n	剪跨比 λ	受火时间 t（min）	模拟承载力（kN）	式（5-15）计算承载力（kN）	模拟承载力／式（5-15）计算承载力
ZJLQ1	0.2	1.75	0（常温）	585.12		1.007
ZJLQ2	0.2	1.75	60	557.19	580.84	0.959
ZJLQ3	0.2	1.75	120	491.23		0.846
ZJLQ4	0.2	1.25	0（常温）	788.34		1.273
ZJLQ5	0.2	1.25	60	740.52	619.40	1.196
ZJLQ6	0.2	1.25	120	659.03		1.064
ZJLQ7	0.2	2.25	0（常温）	451.27		0.835
ZJLQ8	0.2	2.25	60	433.79	540.02	0.803
ZJLQ9	0.2	2.25	120	387.61		0.718
ZJLQ10	0.4	1.75	0（常温）	730.14		1.140
ZJLQ11	0.4	1.75	60	679.46	640.68	1.061
ZJLQ12	0.4	1.75	120	593.63		0.927
ZJLQ13	0.6	1.75	0（常温）	814.66		1.171
ZJLQ14	0.6	1.75	60	775.61	695.78	1.115
ZJLQ15	0.6	1.75	120	662.71		0.952

5.4　本章小结

通过试验及有限元模拟分析，研究了常温下及火灾高温后套筒灌浆连接装配式混凝土剪力墙的抗震性能。主要结论如下：

（1）套筒灌浆连接装配式混凝土剪力墙的破坏主要在两个部位，一是套筒上部临近截面，二是坐浆层与墙底结合面。与此不同的是，现浇混凝土剪力的破坏主要发生在墙身与地梁交界处，该地方混凝土被压溃。由于套筒的约束作用，套筒灌浆连接剪力墙的混凝土破坏区域较现浇剪力墙上移。

（2）火灾高温后，套筒灌浆连接混凝土剪力墙的滞回曲线不再饱满，承载力、初始刚度、延性系数随着受火时间增加而减小，屈服后的耗能能力也有所降低。在相同受火时间下，暗柱的存在并未显著提高剪力墙的承载力和极限变形能力，但有助于增加初始刚度、延性和耗能能力。

（3）与现浇剪力墙相比，火灾后套筒灌浆连接装配式混凝土剪力墙的承载力和初始刚度降低，延性提高。屈服前的耗能能力优于现浇混凝土剪力墙，屈服后的耗能能力则劣于现浇混凝土剪力墙。

（4）建立了火灾后套筒灌浆连接混凝土剪力墙数值模型，分析结果得到试验结果验证。参数分析结果显示，火灾后套筒灌浆连接混凝土剪力墙的承载力随轴压比增加而增大，随剪跨比增大而减小。在相同轴压比下，剪跨比越小，火灾对承载力的影响越大；在相同剪跨比下，轴压比的增加对承载力的提升效果随受火时间增长而减弱。在相同轴压比下，剪跨比的增大对承载力降低的影响程度减小。

第6章

**套筒灌浆连接装配式
混凝土结构灌浆质量检验**

6.1　引　言

套筒灌浆连接装配式混凝土结构施工过程中，存在使用劣质灌浆料、过期灌浆料、回收利用超过初凝时间的灌浆料、误用坐浆料或水泥砂浆，没有严格控制用水量等问题，从而影响灌浆料的强度。由于现场施工和环境的复杂性，检验套筒内部灌浆料强度存在较大的困难，其实际强度是否满足要求难以确定，因此装配式建筑结构的安全性一直存在质疑。为打消这种疑虑，有必要寻求一种简单可靠的手段，来对实际工程中套筒内部灌浆料实体强度进行有效检测。同时，构件加工精度和现场施工水平等因素的影响，在灌浆过程中可能出现漏浆和少灌的情况，导致钢筋锚固长度减小，达不到预期设计目标，造成结构安全隐患。因此，研发合适的套筒灌浆饱满度识别检验技术至关重要。

目前针对套筒灌浆饱满度检验识别技术的研究较多，各种检验方法与手段各有其优势，但也存在局限，如预埋传感器法需在每个套筒内部预先埋设传感器，增加施工工序。预埋钢丝法能用于灌浆饱满度初步识别，但难以给出精确判断结果。X 射线对于钢筋混凝土柱或厚度较大的钢筋混凝土剪力墙无法穿透，且 X 射线具有放射性，在工地现场使用有较多限制。超声波法需要在被检测对象两侧同一水平位置布置发射器和接收器，有时受现场条件限制而难以操作。冲击回波对双排布置套筒的检测效果不理想。工业 CT 机价格昂贵，应用到土木工程领域尚有难度。因此，要准确判断套筒灌浆是否饱满度，需综合权衡，或多种方法并用，才能最终达到检验识别目的。

本章对基于小芯样法的灌浆料实体强度检验技术进行了研究，随后介绍了一种基于压电阻抗效应的套筒灌浆饱满度识别技术及相关的试验和工程应用情况，以期为套筒灌浆饱满度的检验识别提供一种新的有效途径。

6.2　灌浆料实体强度检验技术

影响套筒灌浆料强度的因素很多，灌浆完成后，套筒内部灌浆料的强度究竟如何备受关注。目前，工程中一般通过灌浆施工中预留试块进行强度测试的方式来推算灌浆料的实体强度。受人为因素影响，工程中预留试块的强度未必能反映套筒内部灌浆料的真实强度。构件生产时，套筒预先预埋在构件混凝土中，灌浆施工使灌浆料填充在套筒空腔内，检测仪器无法与套筒内灌浆料直接接触。可接触或者可取样的部位仅局限在灌浆口和出浆口处，可借鉴钻芯法检测混凝土强度的思路，采用小直径芯样法检验套筒灌浆料实体强度，即截取连接灌浆设备和套筒的硬质 PVC 管内的灌浆料，再加工成高径比 1:1 的小直径灌浆料芯样（图6-1），通过测试其抗压强度来评价套筒内灌浆料的实体强度。

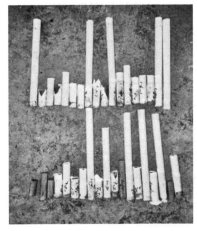

图 6-1　在灌浆口和出浆口截取的 PVC 管及其内部灌浆料

6.2.1　小直径芯样法检验灌浆料强度试验设计

因小直径芯样的形状和尺寸均不同于灌浆料标准试件，为了能对灌浆料实体强度进行符合性判定，需建立小直径芯样试件与标准试件的强度换算关系。为此，考虑灌浆料的品牌、龄期、加水量和试件尺寸的影响，选用了国内多种不同型号的套筒灌浆料，在不同水料比下分别设计制作了实际工况下养护的高径比 1:1 的圆柱体小芯样和标准试件进行抗压强度试验。经统计分析，拟合出圆柱体小芯样试件和标准试件抗压强度关系曲线，建立小芯样试件和标准试件抗压强度换算公式。

1. 试件设计与制作

为建立两种试件的强度换算关系，需制作不同强度范围内的标准试件和小直径圆柱体试件。套筒灌浆料的强度与其配比、龄期、加水量有关，故可通过采用不同设计强度、调整加水量和选择试验龄期三种方式，制作出不同强度范围的标准试件（40mm×40mm×160mm）和小直径圆柱体试件（直径 18mm，高径比 1:1）。

选取了四种品牌的灌浆料，设计强度和加水量见表 6-1。共制作 11 批小直径圆柱体试件和同批次标准试件，每批试件包括 35 个小直径圆柱体试件和 2 组同批次标准试件，试件设计情况见表 6-2。

四种品牌灌浆料参数 表 6-1

编号	设计强度（MPa）	设计加水量（%）
A	85	13.0
B	110	12.0
C	100	12.7～14.0
D	100	11.5

试件设计情况 表 6-2

编号	灌浆料品牌	龄期（d）	实际加水量与设计加水量比值
A-1-1.0	A	1	1.0
A-1-1.2	A	1	1.2
B-3-1.0	B	3	1.0
B-3-1.2	B	3	1.2
C-7-1.0	C	7	1.0
C-7-1.2	C	7	1.2
A-28-1.0	A	28	1.0
A-28-1.2	A	28	1.2
B-28-1.0	B	28	1.0
C-28-1.0	C	28	1.0
D-28-1.0	D	28	1.0

标准试件采用 40mm×40mm×160mm 的试模进行浇筑，对于小直径圆柱体试块，为减小表面平整度和尺寸误差对抗压强度的影响，磨具采用如图 6-2 所示特制金属磨具。

图 6-2 小直径圆柱体试样模具

图 6-3 试件浇筑

试件浇筑如图6-3所示。待试件强度达到拆模强度后拆除模具，将拆模后的试件置于图6-4（a）所示的恒温水箱（温度20℃±1℃）中养护。试件最终成型如图6-4（b）所示。

（a）自制恒温水箱标准养护　　　　　　　　　（b）试件成型

图6-4　试件养护与成型

2. 试验方法

标准试件依据《水泥胶砂强度检验方法（ISO法）》GB/T 17671，按照"先折后压"的次序进行抗压强度试验，受压面为其成型面。小直径圆柱体试件在如图6-5所示的带夹具100kN微机控制电子万能试验机上进行抗压强度试验。为了减小由于浇筑面不平整对试验结果的影响，在进行抗压强度试验前，采用砂轮机对小直径圆柱体试件的浇筑面进行磨平处理。

图6-5　小直径圆柱体试件抗压试验

试验加载制度均为从0到破坏的一次加载，加载速率均为1.5MPa/s。试验前测量试件受压面尺寸，试件破坏时记录最大力值和破坏形态。

6.2.2　试验结果分析

1. 破坏形态

标准试件和小直径圆柱体试件在极限状态下均发生脆性破坏，标准试件受压范围相当于边长为40mm的立方体，破坏形态与立方体试件相似，试件最终破坏形态为正反相接的四角锥体，如图6-6（a）所示。

（a）标准试件破坏形态　　　　　　　（b）圆锥体破坏状态

（c）斜裂缝剪切破坏形态　　　　　　（d）局部压碎破坏形态

图6-6　典型破坏形态

小直径圆柱体试件的破坏形态与标准试件略有不同，通过观察发现，部分试件表面呈现较多的竖向裂纹，试件外表面与内部发生剥离。对小直径圆柱体试件受压破坏形态进行分析，可将其归纳为三种情况：正倒相接的圆锥体破坏形态、斜裂缝剪切破坏形态和局部压碎破坏形态，如图6-6（b）～（d）所示。其中，圆锥体破坏、斜裂缝剪切破坏形态属于轴心受压时的典型破坏形态。

图6-7为小直径圆柱体试件在不同破坏形态下的抗压强度均值。由图6-7可以看出，当试件发生圆锥体破坏时，抗压强度均值最高；当发生局部压碎破坏时，抗压强度均值最低，只达到了圆锥体破坏时的60%左右。从破坏机理分析，小直径圆柱体达到抗压极限力时应发生圆锥体破坏或斜裂缝剪切破坏，发生局部压碎破坏的原因可能是试件偏心受压导致。因此，在对小直径圆柱体试件抗压强度结果进行统计时，建

议去除发生局部压碎破坏形态的数值。

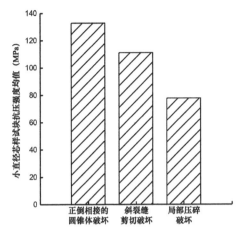

图 6-7 不同破坏形态下圆柱体试件抗压强度均值

2. 灌浆料抗压强度影响因素分析

套筒灌浆料属于水泥基材料，其原材料一般包含水泥、砂、减水剂、消泡剂和保水剂等，产品标准《钢筋连接用套筒灌浆料》JG/T 408 仅对灌浆料抗压强度进行了限定。通过本次试验发现，在设计加水量、标准养护 28d 条件下，灌浆料标准试块抗压强度均满足不低于 85MPa 的规范要求，但不同品牌灌浆料的抗折强度差异较大。四种品牌灌浆料抗压强度和抗折强度的统计结果见图 6-8，C 品牌和 D 品牌的抗折强度有 3 倍之差，这可能与不同品牌灌浆料选取的原材料和设计配比有关。

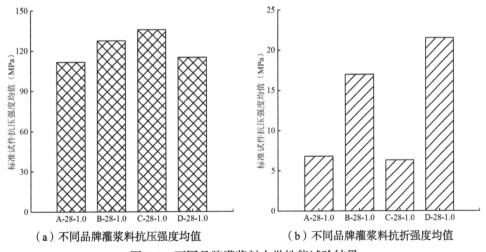

（a）不同品牌灌浆料抗压强度均值　　　　（b）不同品牌灌浆料抗折强度均值

图 6-8 不同品牌灌浆料力学性能试验结果

为研究灌浆料强度随龄期增长的趋势，选取 D 品牌的灌浆料，分别对其标准试件

3d、7d、14d、21d、28d 的抗压强度进行了统计分析。从图 6-9 可见,标准试件 3d 抗压强度均值可达到 28d 强度的 75%,14d 之前灌浆料抗压强度增长较快,后期强度增速减缓。灌浆料早期强度增长较快的特性有利于提高装配式混凝土结构的施工效率。

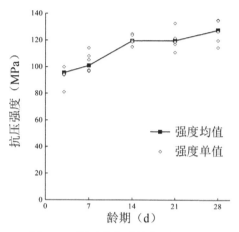

图 6-9 抗压强度随龄期增长趋势

　　每种配比的灌浆料都有设计加水量,为了达到高强度,灌浆料的设计加水量一般为 12% 左右,只有加水量符合设计要求时,灌浆料才能发挥最佳性能。按照规定搅拌程序,在设计加水量下拌合物能拥有很好的和易性。在施工现场,受施工条件限制和施工进度影响,加水量有时得不到精确控制,会出现加水量增加的情况。为了验证加水量增加对灌浆料抗压强度的影响,对按设计加水量和 1.2 倍设计加水量拌制的灌浆料试件进行了抗压强度试验,试验结果见图 6-10。

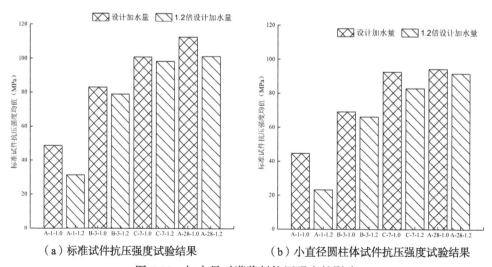

（a）标准试件抗压强度试验结果　　　　（b）小直径圆柱体试件抗压强度试验结果

图 6-10 加水量对灌浆料抗压强度的影响

从图 6-10 中可以看出，相同龄期下，加水量的增大会降低灌浆料的抗压强度，不同品牌灌浆料强度降低的幅度有差异；标准试件抗压强度均值最大降幅达到 36%，小直径圆柱体试件抗压强度均值最大降幅达到 48%。

灌浆料实体强度是保证钢筋套筒灌浆连接性能的关键因素，灌浆料因未按设计加水量进行拌制而降低了强度，进而影响套筒灌浆连接的性能指标，对装配式结构连接节点的安全性造成隐患。

6.2.3 强度换算关系的建立

1. 小直径圆柱体试件试验结果的统计分析

在建立标准试件和小直径圆柱体试件的抗压强度换算关系之前，先对灌浆料小直径圆柱体抗压强度进行统计分析。小直径圆柱体试件抗压强度的均值、标准差和变异系数见表 6-3。

小直径圆柱体的抗压强度统计结果　　　　　　　表 6-3

编号	均值（MPa）	标准差（MPa）	变异系数
A-1-1.0	44.64	3.98	0.09
A-1-1.2	23.24	3.53	0.15
B-3-1.0	72.09	10.09	0.14
B-3-1.2	66.21	8.19	0.12
C-7-1.0	92.61	13.50	0.15
C-7-1.2	82.91	8.72	0.11
A-28-1.0	94.39	15.46	0.16
A-28-1.2	91.80	8.52	0.09
B-28-1.0	93.37	14.39	0.15
C-28-1.0	132.60	9.91	0.07
D-28-1.0	91.15	9.81	0.11

为得到小直径圆柱体试件的抗压强度概率分布函数，对 11 组抗压强度结果进行了数理统计和概率分布拟合，直方图及拟合结果见图 6-11。

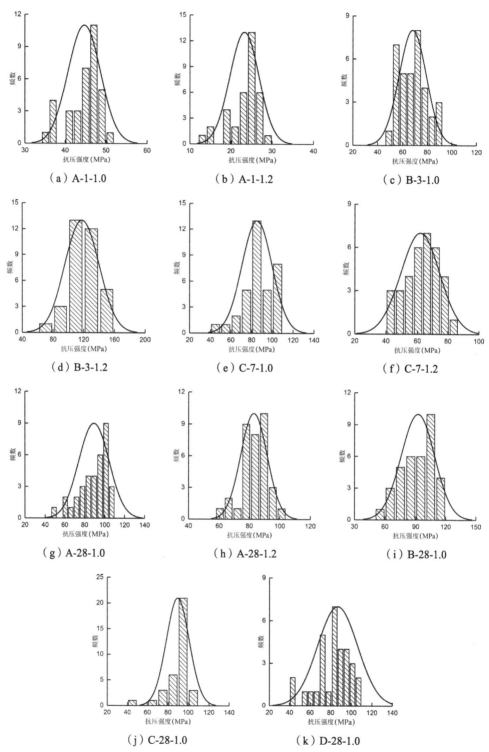

图 6-11 小直径圆柱体试件抗压强度直方图及拟合结果

为验证小直径圆柱体试件抗压强度是否服从正态分布，利用 χ^2 分布族的拟合检验对每组试验结果进行假设检验。取 $\alpha = 0.05$，其中原假设 H_0：每组小直径圆柱体试件抗压强度概率分布服从正态分布。

$$\chi^2 = \sum_{i=1}^{k} \frac{f_i^2}{n\hat{p}_i} - n \sim \chi^2 \alpha(k-r-1) \qquad (6\text{-}1)$$

该假设检验的拒绝域为 $\chi^2 \geqslant \chi^2 \alpha(k-r-1)$，通过式（6-1）计算得到的假设检验结果见表 6-4。从表 6-4 可以看出，各组小直径圆柱体试件抗压强度值的 χ^2 拟合检验结果均在拒绝域以外，故在显著性水平 0.05 下接受 H_0，即小直径圆柱体试件的抗压强度结果服从正态分布。

χ² 拟合检验结果　　　　　　　　　　　　　表 6-4

编号	χ^2	$\chi^2 \alpha(k-r-1)$
A-1-1.0	6.98	9.49
A-1-1.2	3.74	5.99
B-3-1.0	6.69	11.07
B-3-1.2	5.40	12.59
C-7-1.0	9.18	12.59
C-7-1.2	8.29	11.07
A-28-1.0	10.47	18.31
A-28-1.2	2.73	11.07
B-28-1.0	5.41	12.59
C-28-1.0	13.95	16.92
D-28-1.0	8.97	9.49

2. 强度换算关系回归拟合

按照现行规范要求，灌浆料强度合格判定是通过标准试件标养 28d 后的抗压强度试验结果进行评定，故需将小直径圆柱体试件抗压强度转化为同条件下标准试件的抗压强度。与小直径圆柱体试件同批次的 11 组标准试件抗压强度统计结果见表 6-5。同条件下，标准试件抗压强度与小直径圆柱体试件抗压强度的散点图见图 6-12。

同条件标准尺寸试件抗压强度统计结果　　　　　　　表 6-5

编号	均值（MPa）	标准差（MPa）	变异系数
A-1-1.0	49.42	2.98	0.06
A-1-1.2	31.25	1.76	0.06

续表

编号	均值（MPa）	标准差（MPa）	变异系数
B-3-1.0	87.83	7.22	0.08
B-3-1.2	79.04	4.26	0.05
C-7-1.0	100.83	3.76	0.04
C-7-1.2	98.37	1.59	0.02
A-28-1.0	111.56	8.47	0.08
A-28-1.2	101.38	5.68	0.06
B-28-1.0	127.53	4.50	0.04
C-28-1.0	135.70	8.01	0.06
D-28-1.0	114.97	2.78	0.02

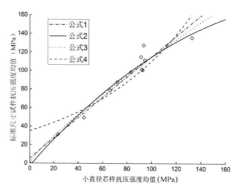

图 6-12 两种试件抗压强度散点图及强度换算关系拟合曲线

为得到两种试件抗压强度的换算关系，分别利用线性、多项式、幂指数型和指数型四种函数进行数据拟合和回归分析，拟合结果见表 6-6。

抗压强度换算关系拟合结果　　　　表 6-6

编号	拟合方式	拟合公式	函数表达式	R^2
公式 1	线性拟合	$y = a + bx$	$y = 5.36 + 1.1x$	0.9532
公式 2	多项式拟合	$y = a + bx + cx^2$	$y = -2.7 + 1.47x - 0.003x^2$	0.9666
公式 3	幂指数拟合	$y = ax^b$	$y = 2.356x^{0.8436}$	0.9283
公式 4	指数拟合	$y = ae^{bx}$	$y = 35.128e^{0.01147x}$	0.8228

根据相关系数 R^2 的统计意义，当其值越接近 1 时表示拟合优度越好。从表 6-6 可以看出，采用多项式拟合的公式 2 可较好地反映小直径圆柱体试件抗压强度均值与

标准尺寸试件抗压强度均值的换算关系。另外，根据两种试件的抗压强度均值对应关系，拟合曲线应经过坐标原点或接近原点。但拟合公式 4 的预测结果随着灌浆料平均强度的降低趋于平缓，与原点有较大偏离，故该公式在低强度换算时可能存在较大误差。通过现阶段试验数据的综合分析，推荐使用拟合公式 2 作为两种试件的抗压强度换算关系。

3. 最小取样数量

检验批强度推定的准确度与取样数量密切相关，取样数量太少，则结果离散性大，无法对灌浆料的实体强度进行准确推定。通过增大同批次灌浆料小直径芯样的取样数量可减小数据的离散性，但取样数量过大，在工程上实现的成本较高，且在有些情况也较为困难，故需要确定合理的最小样本容量。针对本次试验数据，按不同的样本容量分别计算小直径圆柱体试件抗压强度的均值 μ、标准差 S 和变异系数，计算结果见图 6-13。

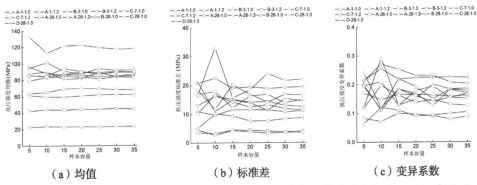

| （a）均值 | （b）标准差 | （c）变异系数 |

图 6-13 小直径圆柱体试件抗压强度的均值、标准差和变异系数与样本容量的关系图

由图 6-13 可见，当样本容量大于 15 时，抗压强度的均值、标准差和变异系数均趋于稳定。因此，对于同批次小直径芯样的取样数量建议不宜低于 15 个。

6.3 基于压电阻抗效应的套筒灌浆饱满度识别

20 世纪 90 年代，科学家对压电材料的电阻抗和结构的机械阻抗关系进行了理论分析和推导，提出了基于压电阻抗的结构损伤识别方法，由于该方法具有受环境影响小和对结构微小损伤敏感的特点，一经提出就被应用到航天和机械领域。后来，国内外学者将该项技术引入土木工程，进行了大量基于压电阻抗的钢结构和混凝土结构健康监测研究，在钢裂纹扩展、螺栓松动、混凝土裂缝发展等损伤识别中取得了良好效果。本节介绍一种基于压电阻抗效应的套筒灌浆饱满度识别技术及相关的试验和工程应用情况，以期为套筒灌浆饱满度的检验识别提供一种新的有效途径。

6.3.1　压电阻抗技术基本理论

1. 压电效应

压电阻抗技术是一种基于振动的损伤识别技术，压电材料的压电效应和材料与构件的机电耦合效应是压电阻抗技术得以应用的基础。1880 年，P. Curie 和 J. Curie 发现在石英晶体上施加一定的机械力，石英晶体上下表面会聚集数量相同、符号相反的电荷；反过来，当在石英晶体上下表面施加一定的电压，石英晶体会产生相应的变形。这是人类首次在石英晶体上发现了压电效应，开启了研究压电材料的大门。目前，已知的压电材料多达 1000 多种，包括压电单晶体（石英）、压电多晶体（压电陶瓷）、薄膜（压电薄膜、铁电薄膜）、压电复合物和压电聚合物等，其中压电陶瓷因制作材料价廉、反应灵敏、稳定性好而得到广泛应用。

压电材料的压电效应如图 6-14 所示，当在压电材料表面施加机械力时，压电材料内部正负电荷发生相对移动而产生极化现象，上下表面因此积聚符号相反的电荷而产生电压，电压的大小和施加力的大小成正比，称为正压电效应。正压电效应反映了压电材料将机械能转化为电能的特性，通过测量压电材料上下表面电荷的变化可以推断出其本身与结构粘连处的变形量。因此，可以将压电材料制成传感器。另外，当在压电材料表面施加电压时，压电材料会产生机械变形，变形的大小和电压的大小成正比，称为逆压电效应。逆压电效应反映了压电材料将电能转化为机械能的能力，利用压电材料在电场作用下产生变形的特性，可以将压电材料制成驱动器。

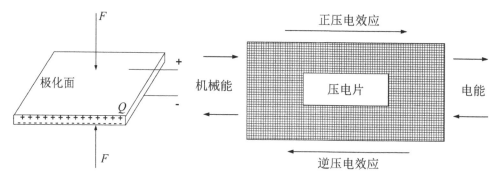

图 6-14　压电材料正、逆压电效应

2. 压电耦合振动模型

压电材料的正、逆压电效应使其兼驱动和传感于一身，当压电材料与结构结为一体时，无需外力激振便可获得有效反馈信号，因而广泛用于结构健康监测中。压电材料与结构耦合振动模型可分为一维阻抗模型和二维阻抗模型，其中一维阻抗模型又分为不考虑粘结层的模型和考虑粘结层的模型。

（1）不考虑粘结层的一维压电阻抗模型（SMD模型）

不考虑粘结层的一维压电阻抗模型如图6-15所示，该模型将压电陶瓷片视作一根狭长的杆件，一端与主体结构粘结，一端固定，压电陶瓷片和主体结构的耦合作用简化成一个单自由度弹簧－刚度－阻尼系统（Spring-Mass-Damper, SMD）。

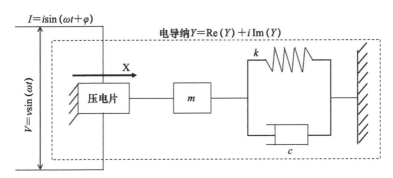

图6-15　不考虑粘结层的一维压电阻抗模型

压电陶瓷片的电导纳与主体结构耦合关系表达式为：

$$Y = 1/Z = i\omega \frac{w_a l_a}{h_a} \left[\bar{\varepsilon}_{11}^{\sigma} - \frac{Z_s}{Z_s + Z_a} d_{31}^2 \bar{Y}_{11}^{E} \right] \tag{6-2}$$

其中：Y为压电片电导纳，是一种复数表达形式，由实部信号电导和虚部信号电纳组成；Z为压电陶瓷片电阻抗，与Y互为倒数关系；ω为激励角频率；w_a、l_a和h_a分别为压电陶瓷片的宽度、长度和厚度；$\bar{\varepsilon}_{11}^{\sigma}$为压电陶瓷片的介电常数；$Z_s$为被测结构机械阻抗；$Z_a$为压电陶瓷片机械阻抗；$d_{31}$为压电陶瓷片的压电常数；$\bar{Y}_{11}^{E}$为压电陶瓷片的复场杨氏模量。

不考虑粘结层的一维压电阻抗模型（SMD模型）简洁明了地阐明了压电陶瓷片与主体结构耦合作用的机理，但并未考虑压电片和本体结构粘结层的作用，是一种简化后的理想模型。

（2）考虑粘结层的一维压电阻抗模型

考虑到压电片与本体结构之间的剪力传递是靠粘结层来实现的，将压电片与结构的粘结层考虑到阻抗模型中，用一个如图6-16所示的两自由度弹簧－质量－阻尼系统来描述。

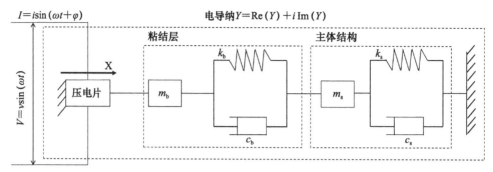

图 6-16 考虑粘结层的一维压电阻抗模型

推导出的电导纳表达式为：

$$Y = i\omega \frac{w_a l_a}{h_a}\left[\bar{\varepsilon}_{11}^{\sigma} - d_{31}^2 \bar{Y}_{11}^E + \frac{Z_s}{\xi Z_s + Z_a} d_{31}^2 \bar{Y}_{11}^E \left(\frac{\tan(kl_a)}{kl_a}\right)\right] \quad (6\text{-}3)$$

其中：

$$k = \sqrt{\frac{\rho\omega^2}{\bar{Y}_{11}^E}} \quad (6\text{-}4)$$

$$\xi = \frac{1}{1 + K_s/K_b} \quad (6\text{-}5)$$

ρ 为压电片密度，ξ 为粘结层影响系数，K_s 为主体结构刚度，K_b 为粘结层刚度。其余符号表示含义与式（6-2）相同。

考虑粘结层影响的一维阻抗模型包含了粘结层的作用和贡献，使得模型更切合实际，但由于要考虑粘结层的刚度参数，在实际应用中较为繁琐。

（3）二维压电阻抗模型

当压电片在 z 方向受到电场作用时，会在 x 和 y 两个方向产生振动变形。如图 6-17 所示，可将一维压电阻抗模型发展为二维压电阻抗模型。

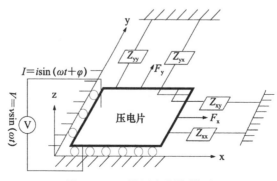

图 6-17 二维压电阻抗模型

通过简化边界条件推导出电导纳表达式为：

$$Y = i\omega \frac{w_a l_a}{h_a} \left[\bar{\varepsilon}_{11}^{\sigma} - \frac{2d_{31}^2 \overline{Y}_{11}^E}{1-\nu} + \frac{d_{31}^2 \overline{Y}_{11}^E}{1-\nu} \left\{ \frac{\sin(\kappa l_a)}{l_a} \frac{\sin(\kappa w_a)}{w_a} \right\} [M]^{-1} \left\{ \begin{matrix} 1 \\ 1 \end{matrix} \right\} \right]$$

（6-6）

其中

$$\kappa = \omega \sqrt{\rho (1-\nu^2) / \overline{Y}_{11}^E}$$

（6-7）

$$[M] = \begin{bmatrix} \kappa \cos(\kappa l_a) \left\{ 1 - \nu \dfrac{w_a}{l_a} \dfrac{Z_{xx}}{Z_{axx}} + \dfrac{Z_{xy}}{Z_{axx}} \right\} & \kappa \cos(\kappa w_a) \left\{ \dfrac{l_a}{w_a} \dfrac{Z_{yx}}{Z_{ayy}} - \nu \dfrac{Z_{yy}}{Z_{yy}} \right\} \\ \kappa \cos(\kappa l_a) \left\{ \dfrac{w_a}{l_a} \dfrac{Z_{xy}}{Z_{axx}} - \nu \dfrac{Z_{xx}}{Z_{axx}} \right\} & \kappa \cos(\kappa w_a) \left\{ 1 - \nu \dfrac{l_a}{w_a} \dfrac{Z_{yx}}{Z_{ayy}} + \dfrac{Z_{yy}}{Z_{ayy}} \right\} \end{bmatrix}$$

（6-8）

Z_{axx}、Z_{ayy} 为压电片在各自坐标主方向上的机械阻抗，Z_{xx}、Z_{yy} 为本体结构在各自坐标主方向上的机械阻抗，Z_{xy}、Z_{yx} 为本体结构在坐标轴方向上的交叉机械阻抗，ν 为压电片的泊松比。

在二维阻抗模型中，压电片的振动变形扩展到二维平面，模型更加精确，适用于平面结构，但二维阻抗模型未知参数过多，应用起来比较困难。在土木工程结构健康监测中，不考虑粘结层影响的一维理想简单模型已可以满足试验、分析和计算的要求。

6.3.2 机械阻抗与灌浆饱满度之间的关系

在一维阻抗模型中，压电片耦合电导纳与结构的机械阻抗有关。结构的机械阻抗是指物体在强迫振动过程中，受到的激振力与运动响应两者的复数式之比。在如图 6-18 所示的一维压电阻抗耦合振动系统中，压电片在交流电场作用下产生简谐激振力。

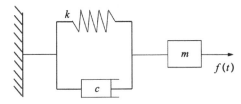

图 6-18 单自由度体系振动示意图

系统的振动方程可表示为：

$$mx'' + cx' + kx = f(t)$$

（6-9）

式中：

$$f(t) = F_0 \cos(\omega t) \tag{6-10}$$

式（6-9）通过傅里叶变换可得到在频域内的解为：

$$x(\omega) = h(\omega)f(\omega) \tag{6-11}$$

式中：

$$h(\omega) = 1/(-m\omega^2 + ic\omega + k) \tag{6-12}$$

$$f(\omega) = \int_{-\infty}^{+\infty} f(t)e^{-i\omega t}dt \tag{6-13}$$

式中，$x(\omega)$ 为位移响应在频域内的解，$h(\omega)$ 为复频反应函数，$f(\omega)$ 为 $f(t)$ 经傅里叶变换后荷载的傅里叶谱。

根据机械阻抗定义由式（6-2）可得：

$$Z_s = \frac{f(\omega)}{x(\omega)} = \frac{1}{h(\omega)} = -m\omega^2 + ic\omega + k \tag{6-14}$$

由式（6-14）可知，结构的机械阻抗与结构的质量、刚度和阻尼有关。由于结构的模态参数（固有频率、模态振型等）是结构物理特性（质量、刚度和阻尼）的函数，因此结构的机械阻抗改变会引起系统动力响应的改变，表现为压电片电导纳信号的变化。对于灌浆套筒而言，其质量 m、阻尼 c、刚度 k 与灌浆饱满度密切相关，将套筒灌浆饱满度 ρ 定义为：

$$\rho = \frac{V_1}{V_2} \times 100\% \tag{6-15}$$

式中，V_1 为实际灌入套筒腹腔内的灌浆料体积；V_2 为填满套筒腹腔所需灌浆料体积。若 $\rho < 100\%$，表明套筒灌浆不饱满，与灌浆饱满状态相比，套筒本体结构的局部质量、刚度和阻尼都将改变，即机械阻抗 Z_s 发生变化。因此在套筒表面或包裹套筒的混凝土表面粘贴压电片后，在确定的压电系统中，灌浆饱满度 ρ 决定机械阻抗 Z_s，机械阻抗 Z_s 决定压电片反馈的电导纳信号 Y，可以通过对比灌浆饱满和不饱满时压电片电导纳信号及相应的统计指标变化来识别套筒内部灌浆饱满情况。

6.3.3 基于压电阻抗技术的套筒灌浆饱满度识别试验

1. 试件设计

设计两种类型试件：第一种为单独套筒，记为 GT1；第二种为套筒＋外包素混凝土，记为 GT2，两种试件的形状和尺寸见图 6-19。

2. 测点布置

为了研究试件不同位置处电导信号差异，为工程中压电片的优化布置提供依据，对 GT1 系列试件，在套筒表面下部、中部、上部三个位置分别布置压电片，压电片编号一次记为 GT1-P1、GT1-P2 和 GT1-P3；对 GT2 系列试件，除了在套筒表面布置压电片，还在其外部混凝土表面对应的位移布置压电片，以探索在混凝土表面布置压电传感器识别套筒内部灌浆饱满度的可能性。其中套筒表面下部、中部、上部压电片编号依次记为 GT2-P1、GT2-P2 和 GT2-P3，混凝土外部表面相应位置压电片编号依次记为 GT2-P4 、GT2-P5 和 GT2-P6。压电片布置情况见图 6-20 和表 6-7。

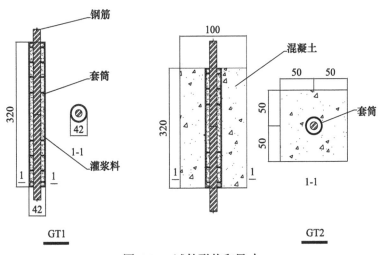

图 6-19 试件形状和尺寸

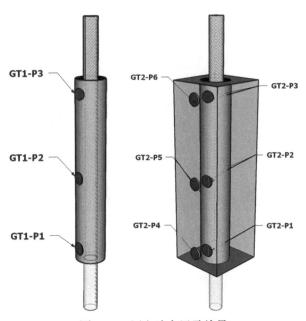

图 6-20 压电片布置及编号

压电片编号及布置位置

表 6-7

试件类型	压电片编号	压电片布置位置
GT1	GT1-P1	套筒外壁距离底部 20mm
	GT1-P2	套筒外壁中部
	GT1-P3	套筒外壁距离上部 20mm
GT2	GT2-P1	套筒外壁距离底部 20mm
	GT2-P2	套筒外壁中部
	GT2-P3	套筒外壁距离上部 20mm
	GT2-P4	混凝土表面距离底部 20mm
	GT2-P5	混凝土表面中部
	GT2-P6	混凝土表面距离上部 20mm

3. 压电片选择

试验所用的压电片型号 HNYA16，规格为 $\phi16\text{mm}\times0.41\text{mm}$ 的圆片，电容值为 2.45nF，机电耦合系数大于 0.48。在试件上粘贴压电片前，先对每个压电片进行自测筛选，保证其性能一致。如图 6-21 所示，测试时先对压电片做翻边处理，然后将其与两根跳线焊接，焊接过程中用锡量不宜过多，焊枪与压电片接触时间不宜过长，否则焊接温度可能超过压电片的居里温度点，造成压电片损坏。实际操作时可采用点焊方式，先用焊枪快速点取少量焊锡于压电片上，再将跳线一端对准焊接点，用焊枪轻触焊接点使跳线与压电片连接。

（a）焊接前　　　　　　（b）焊接跳线　　　　　　（c）焊接后

图 6-21　压电片与跳线连接

压电片与跳线焊接完成后，将其与阻抗仪相连，测定其完好性。图 6-22 给出了部分压电片性能自测试结果。

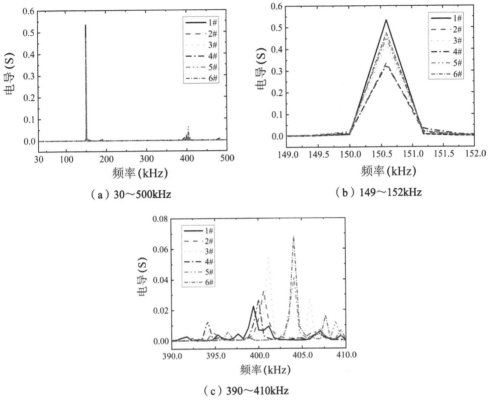

（a）30～500kHz

（b）149～152kHz

（c）390～410kHz

图 6-22　压电片电导自测试结果

从图 6-22 可以看出，在 30～500kHz 的频率范围内，压电片产生两个明显的模态频率，其中各压电片 150kHz 模态频率十分接近，而 400kHz 模态频率有所差异，表明高频率下压电片自身因素包括焊接对测试结果可能带来影响。

4. 试件编号与制作

试件分两批制作。第一批试件包括 GT1 和 GT2 两种类型，分别记为 FGT1 和 FGT2，试件数量各 3 个，编号为 FGT1-1#、FGT1-2#、FGT1-3# 和 FGT2-1#、FGT2-2#、FGT2-3#。主要用于研究灌浆料流动状态下不同饱满度时的电导纳信号差异，灌浆过程从空腔（饱满度 0%）开始，依次增灌 20%、40%、60%、80%、100% 体积的浆料，采集不同饱满度下灌浆料流动状态时压电片的电导纳信号，为套筒灌浆施工过程质量监测提供依据。

第二批试件包括 GT2 一种类型，记为 SGT2，试件数量共 30 个，按灌浆饱满度程度，分为 20%、40%、60%、80%、100% 五个组，每组包含 6 个试件，用于研究灌浆料硬化状态下不同饱满度时的电导纳信号差异，为套筒灌浆施工完成后质量检测提供依据。试件按"类型－灌浆饱满度－顺序"的原则进行编号，如试件"SGT2-ρ20-1#"

中，SGT2 表示试件类型，ρ20 表示灌浆饱满度为 20% 试件组，1# 表示该组中的 1 号试件。所有试件的基本信息见表 6-8。

试件基本信息

表 6-8

试件批次	试件类型	灌浆饱满度 ρ 设置	灌浆料状态	试件数量
第一批	FGT1-ρ 100-1~3#	0% 到 100%，步频 20%	流动	3 个
	FGT2-ρ 100-1~3#	0% 到 100%，步频 20%	流动	3 个
第二批	SGT2-ρ 20-1~6#	20%	凝固	6 个
	SGT2-ρ 40-1~6#	40%	凝固	6 个
	SGT2-ρ 60-1~6#	60%	凝固	6 个
	SGT2-ρ 80-1~6#	80%	凝固	6 个
	SGT2-ρ 100-1~6#	100%	凝固	6 个

试件制作流程如图 6-23 所示，具体为：

（1）套筒切割。由于套筒外壁是弧面，试验所用压电片为平面，需在套筒表面切割一个平面粘贴压电片。根据表 6-7 压电片布置位置，在套筒表面下部 20mm 处、中部和上部 20mm 处切割一个 20mm×20mm 的平面，用于粘贴压电片。

（2）压电片粘贴。用无水乙醇擦洗切割平面，然后将筛选好的压电片用 502 胶水粘贴在套筒表面，固化 30min 后，将 AB 环氧树脂胶按 1∶1 调制好，轻轻地涂覆于压电片表面，置于常温状态下自然硬化。

（3）套筒固定。待环氧树脂胶完全干硬后将套筒居中放置于 100mm×100mm×400mm 的试模内。试模两端各加工一块 100mm×100mm×10mm 的钢板，钢板居中开一个 φ20mm 的孔洞，然后用 φ20mm 的钢筋将套筒居中安置在试模内。

（4）浇筑混凝土。按 C30 的级配人工拌制混凝土，然后浇筑于固定好套筒的试模内，放置在振动台上振捣 5min 使其密实。

（5）拆模养护。48h 后进行拆模，将脱模的试块放置室内平地常温养护 28d，每天浇水一次。

（6）钢筋固定。将制作好的试件摆放好，用橡胶塞将上下两根钢筋固定于套筒中间。

试验中所用套筒为 φ42mm×320mm，连接的纵向钢筋采用 HRB400φ20 螺纹钢。套筒和灌浆料性能分别满足《钢筋连接用灌浆套筒》JG/T 398—2019 和《钢筋连接用套筒灌浆料》JG/T 408—2019 产品标准要求。

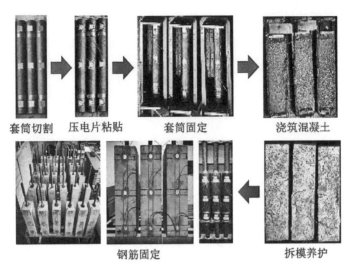

套筒切割　压电片粘贴　　套筒固定　　　　浇筑混凝土

钢筋固定　　　　　　　　　拆模养护

图 6-23　试件制作流程

5. 试验装置与参数设置

试验信号采集采用如图 6-24 所示稳科精密阻抗分析仪（型号为 6500B）、分析仪带有 1J1011 测试夹具，焊接好的压电片通过数据连接电缆和测试夹具与阻抗分析仪相连。阻抗分析仪可提供 20Hz～5MHz 的测试频段，可测得的数据包括电容（C），电感（L），电阻（R），电导（G），电纳（B），电抗（X），品质因素（Q），阻抗（Z）和相位角（φ）等。

阻抗分析仪

数据连接电缆

测试夹具

图 6-24　试验装置

压电阻抗分析仪提供多种测试参数设置的选择、测试模式、测试电压、测试频段等。

（1）串并联模式设置

阻抗分析仪操作面板有"串联（Series）"和"并联（Parallel）"按键供选择。被测元件的阻抗决定串并联模式的选择，一般大阻抗元件用并联模式计算精度高，小

209

阻抗元件用串联模式计算精度高。从数值上来说，大阻抗元件是指阻抗大于 $10k\Omega$ 的元件，小阻抗元件是指阻抗小于 100Ω 的元件，阻抗在 100Ω 到 $10k\Omega$ 需根据实际情况选择。图 6-25 为本试验中所用压电片在串联和并联两种模式下的阻抗测试对比。

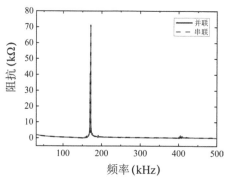

图 6-25　压电片阻抗测试

从图 6-25 测试结果可以看出，无论是串联模式还是并联模式，压电片的阻抗值没有明显差异，谐振模态处的阻抗值达 $70k\Omega$，因此应优先选择并联模式进行测量。为进一步确定两种测试模式的适应性，对所用压电片在串联和并联两种模式下的电导进行了进一步测量，测试结果见图 6-26。从图中可以看到并联模式下压电片产生了两个稳定的谐振模态，串联模式下压电片的谐振模态相对杂乱，因此本试验的测试优选并联模式。

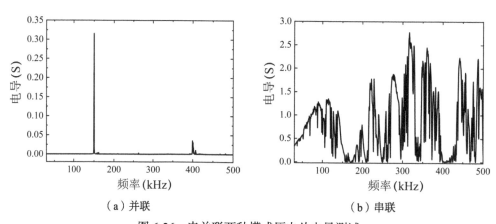

（a）并联　　　　　　　　　　　（b）串联

图 6-26　串并联两种模式压电片电导测试

（2）测试电压设置

测试电压的选取会对测试灵敏度造成影响，在对 0.01V、0.1V、0.5V、1V、5V、10V、15V、20V 共 8 种激励电压对测试灵敏度的影响研究中，发现适当地提高激励电压可以提高测试灵敏度，但是当激励电压高于10V时，测试灵敏度反而降低。因此，本试验测试电压选择所用阻抗分析仪能提供的最大电压为1V。

（3）测试频段设置

测试频段一般在30～500kHz选取，如果测试频段选择较低，测试结果易受常规振动和外界噪声影响；相反，如果测试频段选择较高，测量结果易受到压电片与构件粘结层的影响或压电片自身特性的影响。除此之外，还要在合适频段范围内不断筛选出敏感频段，敏感频段是指信号曲线变化比较明显的频段（如波峰波谷变化、曲线起伏变化等）。以GT1组FGT1-1#-P2和GT2组FGT2-1#-P2的压电片为例，测试其在不同频段内的电导曲线，图6-27为不同测试频段FGT1-1#-P2和FGT2-1#-P2压电片未灌浆时的测试结果。发现在坐标跨度区间一样大的情况下，在30～85kHz的低频段上曲线起伏变化更大，尤其45～85kHz之间。因此，测试频段选择6500B精密阻抗分析仪的45～85kHz频段，每隔50Hz采集一次数据。

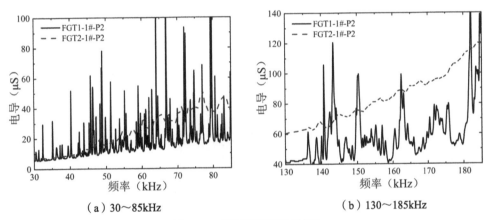

（a）30～85kHz　　　　　　（b）130～185kHz

图6-27　不同频段测试结果

6. 灌浆饱满度控制

试验通过人为控制灌浆体积来模拟灌浆不饱满程度，每次实际灌入套筒腹腔内的灌浆体积 V_1 等于填满套筒腹腔所用灌浆料体积 V_2 乘以灌浆密实度 ρ。V_2 的测试方法如下：首先封住套筒底部以及套筒自身进、出浆孔，然后从上部钢筋插入口向套筒腹腔注满水，用量筒量取注满套筒腹腔水的体积，本试验 V_2 实测值为180mL。试验灌浆饱满度分别设置为0%（空腔状态）、20%、40%、60%、80%、100%（饱满状态），试验时用200mL注射器按上述设定的饱满度值依次往套筒内部注入计算所需的灌浆料。注浆施工如图6-28所示。

橡胶圈

图 6-28 灌浆施工

7. 电导信号采集

阻抗分析仪可同时采集压电片的电导信号和电纳信号。通常电导信号对结构的微小损伤更敏感，所以本试验只采集压电片的电导信号。对于灌浆料处于流动状态的 FGT1 和 FGT2 系列试件，首先测试试件在未灌浆（饱满度 0%）时压电片的电导信号，记作 $\rho = 0\%$ 工况；然后在空套筒的基础上灌入 $\rho = 20\%$ 的灌浆料，采集压电片的电导信号，记作 $\rho = 20\%$ 工况。以此类推，分别采集试件在 $\rho = 40\%$、$\rho = 60\%$、$\rho = 80\%$、$\rho = 100\%$ 灌浆饱满度情况下每个压电片的电导信号，记作 $\rho = 40\%$ 工况、$\rho = 60\%$ 工况、$\rho = 80\%$ 工况和 $\rho = 100\%$ 工况。数据采集过程如图 6-29 所示。

（a）测试电压与测试模式选择

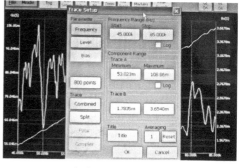

（b）测试频率选择

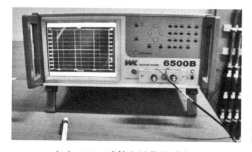

（c）FGT1 试件电导信号采集

（d）FGT2 试件电导信号采集

图 6-29 FGT1 和 FGT2 试件电导信号采集

对于灌浆料处于硬化状态的 SGT2 系列试件，为确定合适的信号采集时间，就灌浆料龄期对电导信号可能造成的影响进行了试验研究。以 $\rho = 100\%$ 灌浆工况下的 SGT2 系列 1#、2#、3# 试件为对象，分别监测了混凝土外表面中部位置处 P5 压电片在未灌浆情况下、灌浆后 30min 内、1d、3d、5d、7d 和 15d 后压电片电导信号的变化，图 6-30 为测试结果。

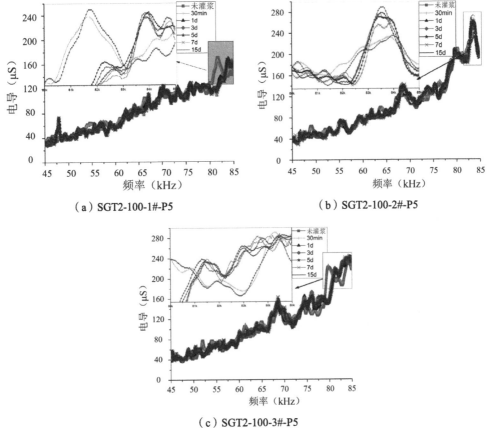

（a）SGT2-100-1#-P5　　　　　　　　（b）SGT2-100-2#-P5

（c）SGT2-100-3#-P5

图 6-30　灌浆料龄期对压电片电导信号的影响

从图 6-30 可以看出，灌浆前和灌浆后 30min 内测得的电导－频率曲线基本相似，灌浆后 1d、3d、5d、7d 和 15d 测得的电导－频率曲线的变化趋势总体相同，但与灌浆前和灌浆后 30min 内测得的电导－频率曲线有显著不同，表明灌浆料的流动和硬化状态对电导信号有重要影响；浆料硬化后，其龄期对电导信号影响不显著。因此，后续试验对 SGT2 系列试件电导信号的采集时间定为灌浆后 24h，图 6-31 为试样和数据采集图。

图 6-31 SGT2 试件电导信号采集

8. 试验结果与分析

以频率为横坐标，电导为纵坐标，将不同灌浆饱满度工况下压电片的电导信号绘制于同一坐标系中，分别获得了不同试件的频谱曲线。

（1）FGT1 和 FGT2 试件测试结果分析

图 6-32 和图 6-33 分别给出了 FGT1 和 FGT2 系列典型试件压电片电导测试结果，图中左上角是频谱曲线在局部电导波峰处的放大图。

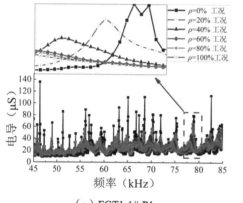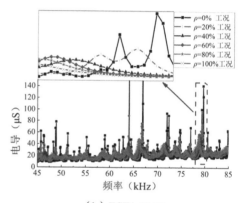

（a）FGT1-1#-P1 （b）FGT1-1#-P2

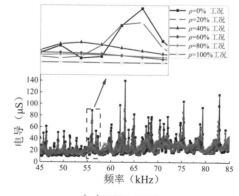

（c）FGT1-1#-P3

图 6-32 FGT1-1# 试件压电片电导测试结果

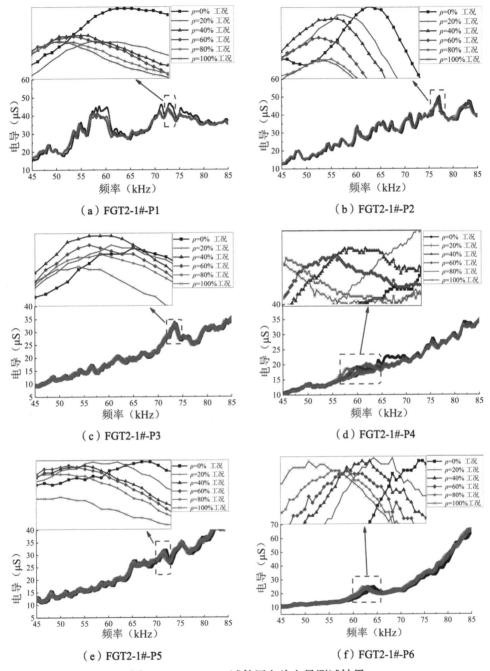

（a）FGT2-1#-P1　　　　　　　　　（b）FGT2-1#-P2

（c）FGT2-1#-P3　　　　　　　　　（d）FGT2-1#-P4

（e）FGT2-1#-P5　　　　　　　　　（f）FGT2-1#-P6

图 6-33　FGT2-1# 试件压电片电导测试结果

　　从图 6-32 和图 6-33 可以看到：无论压电片是粘贴在套筒外壁上、中、下部，还是粘贴在混凝土表面上、中、下部，对于未浇筑混凝土的 FGT1 系列试件和浇筑混凝土的 FGT2 系列试件来说，随着灌浆饱满度的提高，压电片电导曲线在波峰处的谐振频率明显向频率减小的方向偏移，电导峰值也有下降的趋势。通常，结构固有频率可表示为：

$$f_0 = \frac{1}{2\pi}\sqrt{\frac{k}{m}} \qquad (6\text{-}16)$$

式中，k 为试件刚度，m 为试件质量。

一方面，随着灌浆饱满度的提高，FGT1 和 FGT2 试件的质量在增加，但是在采集信号时浆料处于流动状态，试件的刚度并没有发生改变，从式（6-16）可知，试件的固有频率减小，所以波峰处的谐振频率向减小的方向偏移。另一方面，随着灌浆饱满度的提高，流动的灌浆料黏滞阻尼作用在增加，从而表现为电导峰值略微有所下降。FGT1 和 FGT2 其他两根试件也表现出类似的规律。根据此试验结果，如果将灌浆完毕后的电导信号曲线作为基准，可以将波峰处谐振频率向增大的方向偏移和电导峰值上升作为识别套筒灌浆不饱满的指标。

对比图 6-32 和图 6-33 还发现：FGT1 试件压电片电导曲线波峰密集且尖锐，FGT2 试件压电片电导曲线波峰稀少而平缓。这是因为压电片在高频交流电场激励下振动产生应力波，应力波在不同介质中的传播速度不同。由一种介质传播到另一种介质时，应力波发生反射和衍射，能量也有所损耗。钢材的均质性较混凝土好，应力波在钢材中传播时能量损耗小。当压电片粘贴到套筒表面时，压电片与套筒能更好地产生耦合共振，表现为压电片电导曲线波峰更加密集且尖锐；当压电片粘贴到混凝土表面时，应力波传播路径更长，能量损耗更大，因而压电片电导曲线波峰稀少而平缓。类似现象在基于压电阻抗损伤识别的其他试验中也出现过，当检测钢梁裂纹和螺栓松动时，压电片电导曲线波峰密集且尖锐，当检测混凝土裂缝和强度时，压电片电导曲线波峰变得稀少而平缓。

（2）SGT2 试件测试结果分析

同样以频率为横坐标，电导为纵坐标，将灌浆前和灌浆 24h 后采集的压电片电导信号绘制于同一坐标系中，获得 SGT2 系列试件的频谱曲线。图 6-34 给出了 SGT2-100-1# 试件 P1～P6 压电片频谱曲线的测试结果。

从图 6-34 中可以看出：在灌浆料硬化条件下，$\rho = 100\%$ 工况的电导信号曲线与 $\rho = 0\%$ 工况的电导信号曲线相比，波峰处峰值变化不明显，但是谐振频率向频率增大的方向偏移，这与灌浆料流动状态下的 FGT2 系列试件测试结果正好相反。

由式（6-15）可知，谐振频率的偏移与试件刚度和质量变化有关，如果试件刚度的增加程度大于质量的增加程度，试件的固有频率增大，谐振频率会向频率增大的方向偏移，反之向频率减小的方向偏移。与 0% 工况相比，在 100% 工况下，随着灌浆料强度的增加，试件刚度在不断增大，尽管试件的质量也在增加，但试件刚度的增加程度大于质量的增加程度，从而导致灌浆后电导信号曲线在波峰处的谐振频率向频率增大的方向偏移。因此，对灌浆料硬化试件，若以灌浆饱满时的电导信号曲线为基准，可将波峰处谐振频率向频率减小方向偏移作为判断套筒灌浆不饱满的依据。

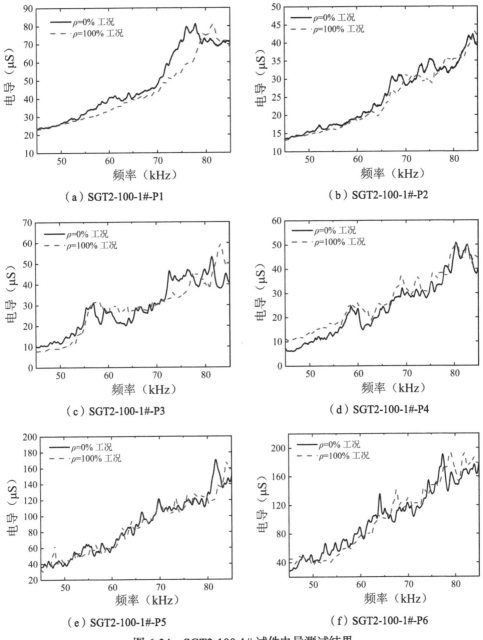

（a）SGT2-100-1#-P1 （b）SGT2-100-1#-P2

（c）SGT2-100-1#-P3 （d）SGT2-100-1#-P4

（e）SGT2-100-1#-P5 （f）SGT2-100-1#-P6

图 6-34 SGT2-100-1# 试件电导测试结果

6.4 基于统计方法的套筒灌浆饱满度识别判断

6.4.1 常用的统计指标介绍

根据电导频谱曲线谐振频率偏移和幅值变化，可对套筒灌浆饱满度做出初步判断，但无法量化套筒内部的不饱满程度。为此，需进一步引入统计学指标作为识别套筒灌浆饱满度的依据。

1. 均方根偏差（RMSD）

均方根偏差 RMSD 反映了两组数据的相对变化程度，其表达式为：

$$RMSD = \sqrt{\sum_{i=1}^{n}(y_i - x_i)^2 / \sum_{i=1}^{n}x_i^2} \qquad (6\text{-}17)$$

式中，x_i 和 y_i 分别为先后采集的两组试验数据，n 为采集信号点数。试验中，如果 x_i 表示试件 100% 工况下采集的电导信号，y_i 表示其他工况下采集的电导信号，对于同一压电片，RMSD 的值越大，表明灌浆越不饱满。相反，如果 x_i 表示试件 0% 工况下采集的电导信号，y_i 表示其他工况下采集的电导信号，对于同一压电片，RMSD 的值越大，表明灌浆越饱满。

2. 均方根（RMS）

均方根 RMS 是两组数据先平方再开方的比值，这两组数据差异越小，其比值越接近 1，其表达式为：

$$RMS = \sqrt{\sum_{i=1}^{n}y_i^2 / \sum_{i=1}^{n}x_i^2} \qquad (6\text{-}18)$$

式中，x_i 和 y_i 分别为先后采集的两组试验数据，n 为采集信号点数。为了直观明了地表现均方根 RMS 与灌浆饱满度的关系，定义新的指标 D_{rms}：

$$D_{rms} = |1 - RMS| = \left| 1 - \sqrt{\sum_{i=1}^{n}y_i^2 / \sum_{i=1}^{n}x_i^2} \right| \qquad (6\text{-}19)$$

式中，如果 x_i 表示试件 100% 工况下采集的电导信号，y_i 表示其他工况下采集的电导信号，对于同一压电片，D_{rms} 的值越小，表明灌浆越饱满。相反，如果 x_i 表示试件 0% 工况下采集的电导信号，y_i 表示其他工况下采集的电导信号，对于同一压电片，D_{rms} 的值越小，表明灌浆越不饱满。

3. 协方差（Cov）

协方差 Cov 反映了两组数据的相关性大小，Cov 值越大，表明两组数据的相关性越大，其表达式为：

$$Cov = \frac{1}{N} \sum_{i=1}^{n} (x_i - \bar{x})(y_i - \bar{y}) \qquad (6\text{-}20)$$

式中，x_i 和 y_i 分别为先后采集的两组试验数据，$\bar{x}$ 和 $\bar{y}$ 分别代表两组数据的平均值；n 为采集信号点数。本试验中，如果 x_i 表示试件 100% 工况下采集的电导信号，y_i 表示其他工况下采集的电导信号，对于同一压电片，Cov 的值越大，表明灌浆越饱满。相反，如果 x_i 表示试件 0% 工况下采集的电导信号，y_i 表示其他工况下采集的电导信号，对于同一压电片，Cov 的值越大，表明灌浆越不饱满。

6.4.2 套筒灌浆饱满度识别统计指标分析

（1）FGT 系列试件

以 100% 灌浆工况电导信号为基准，分别计算了灌浆料流动状态下各试件压电片电导信号频谱曲线的均方根偏差 $RMSD$、均方根 D_{rms} 和协方差 Cov 指标，通过比较不同灌浆工况下各指标的敏感性，确定合适的饱满度识别指标，并对套筒灌浆饱满度缺陷进行识别。

图 6-35 和图 6-36 分别给出了 FGT1 系列试件和 FGT2 系列试件各压电片电导信号频谱曲线 $RMSD$ 计算结果。从图 6-35 和图 6-36 中可以看出：无论是 FGT1 系列试件，还是 FGT2 系列，灌浆饱满度与 $RMSD$ 指标的相关关系都十分明显，随着灌浆饱满度的提高，$RMSD$ 值不断减小。

图 6-37 和图 6-38 分别给出了 FGT1 系列试件和 FGT2 试件各压电片电导信号频谱曲线 D_{rms} 计算结果。图 6-37 和图 6-38 显示灌浆饱满度与 D_{rms} 指标的相关关系不明显。

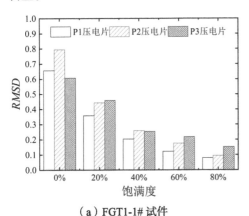

（a）FGT1-1# 试件

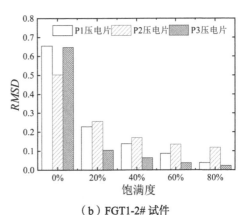

（b）FGT1-2# 试件

图 6-35 FGT1 试件 $RMSD$ 计算值

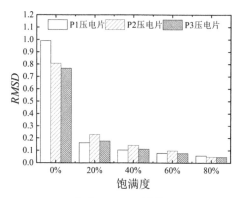

（c）FGT1-3# 试件

图 6-35 FGT1 试件 *RMSD* 计算值（续）

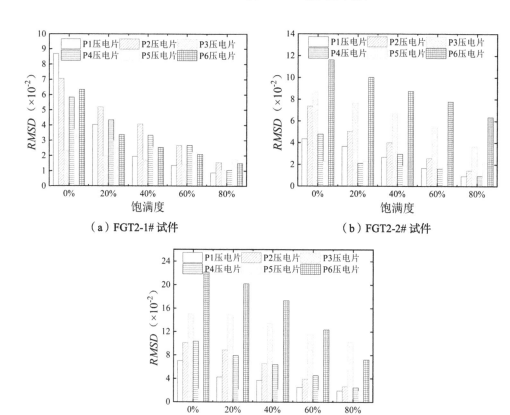

（a）FGT2-1# 试件

（b）FGT2-2# 试件

（c）FGT2-3# 试件

图 6-36 FGT2 试件 *RMSD* 计算值

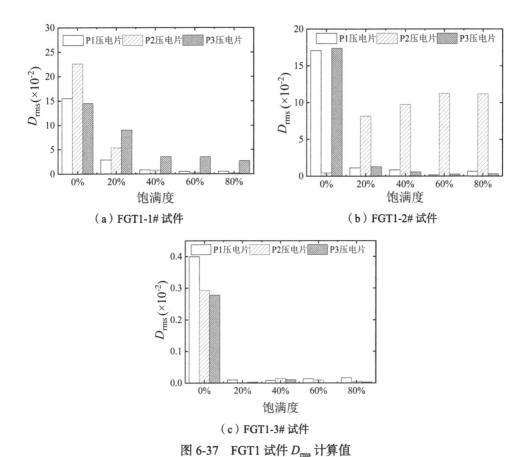

（a）FGT1-1# 试件　　　　　　　　　　（b）FGT1-2# 试件

（c）FGT1-3# 试件

图 6-37　FGT1 试件 D_{rms} 计算值

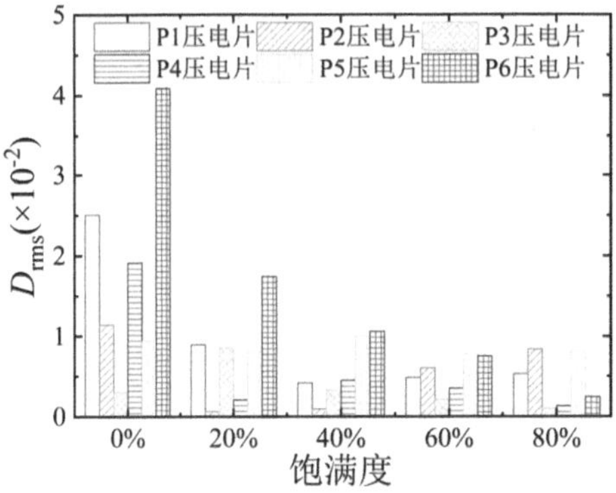

（a）FGT2-1# 试件 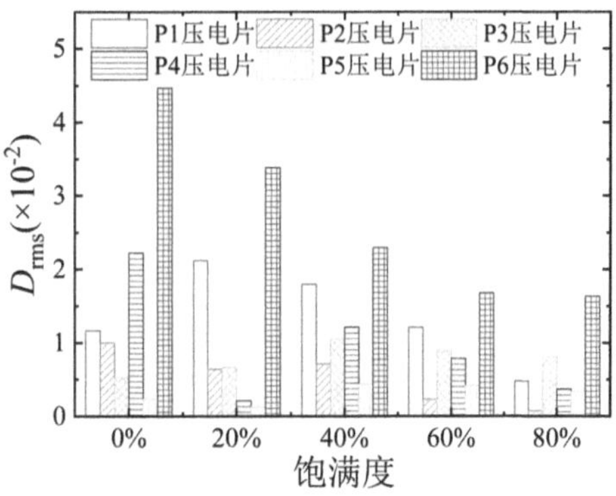　　　　　　　　　　（b）FGT2-2# 试件

图 6-38　FGT2 试件 D_{rms} 计算值

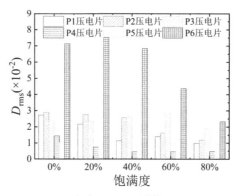

（c）FGT2-3# 试件

图 6-38　FGT2 试件 D_{rms} 计算值（续）

图 6-39 和图 6-40 分别给出了 FGT1 系列试件和 FGT2 系列试件各压电片电导信号频谱曲线 Cov 计算结果。图 6-39 和图 6-40 显示灌浆饱满度与 Cov 指标的相关关系也不明显。

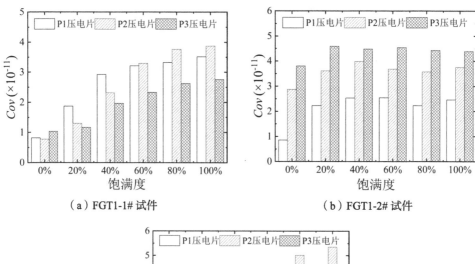

（a）FGT1-1# 试件　　　　　　　　　　　　　　（b）FGT1-2# 试件

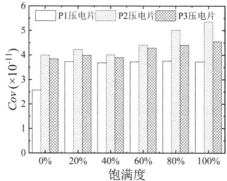

（c）FGT1-3# 试件

图 6-39　FGT1 试件 Cov 计算值

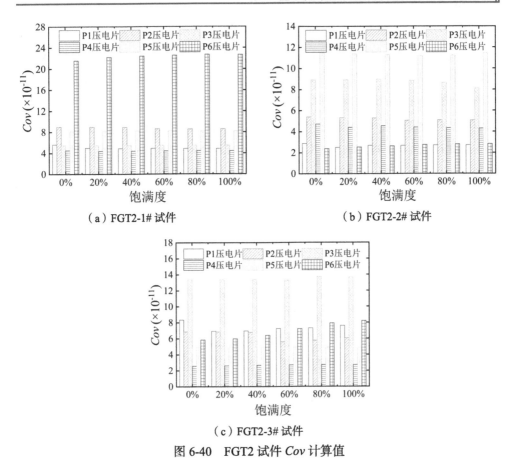

（a）FGT2-1# 试件   （b）FGT2-2# 试件

（c）FGT2-3# 试件

图 6-40　FGT2 试件 *Cov* 计算值

（2）SGT 系列试件

比较前述 FGT 系列试件统计指标分析结果可以发现 *RMSD* 指标对识别套筒灌浆饱满度稳定有效，因此选择 *RMSD* 指标对 SGT 试件各灌浆工况下的饱满度进行识别判断。同时为便于对比，以 0% 工况下电导信号为基准对其他工况下的 *RMSD* 指标进行计算。图 6-41 为 SGT2 各组试件的灌浆工况及压电片编号示意图。

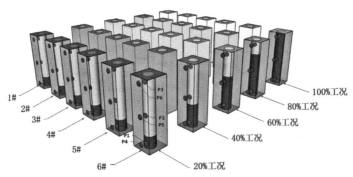

图 6-41　SGT2 试件灌浆工况及压电片编号

图 6-42 为对应压电片电导曲线 *RMSD* 计算结果。从图 6-42 可以看出，由布置在套筒表面和套筒外侧混凝土表面不同位置处的压电片测试结果计算出来的 *RMSD* 值随灌浆饱满度变化呈现出不同的态势。套筒表面 P1 位置处，*RMSD* 值随着灌浆饱满度增加而表现出来的规律不明显。套筒表面 P2 位置处，当灌浆饱满度低于 60% 时，随着灌浆饱满度的增加，*RMSD* 呈现出缓慢增大的趋势；当灌浆饱满度达到 60% 时，*RMSD* 值开始剧增，随后增加趋势不明显。套筒表面 P3 位置处，随着灌浆饱满度的增加，*RMSD* 值呈现出稳定增大的趋势，其中灌浆饱满度从 80% 增加到 100% 时，*RMSD* 值增幅最大。对于混凝土表面 P4、P5、P6 位置处，*RMSD* 指标的变化规律分别与套筒表面 P1、P2、P3 位置处变化规律类似，表明根据压电片电导曲线计算得到的 *RMSD* 指标不仅与灌浆饱满度有关，还与压电片布置位置有关。究其原因，在套筒竖向布置情况下，随着灌浆饱满度的增加，套筒内灌浆料顶部高度不断加大，布置在试件下部、中部、上部不同位置处的压电片探测到的灌浆情况不同，一旦灌浆料顶部高度超出压电片粘贴位置所在水平面后，随着灌浆饱满度的增加，压电片电导的 *RMSD* 指标变化就不再明显。因此，试验中布置在试件下部的 P1 和 P4 压电片，从灌浆开始其电导的 *RMSD* 指标就没有表现出明显增大的趋势；布置在试件中部的 P2 和 P5 压电片，当灌浆饱满度超过 60% 后，其电导的 *RMSD* 指标增加不再明显；布置在试件上部的 P3 和 P6 压电片，随着灌浆饱满度的增加，其电导的 *RMSD* 指标呈现稳步增大的趋势。工程中为了获得 *RMSD* 指标稳定变化趋势，应在套筒上部位置布置压电片。

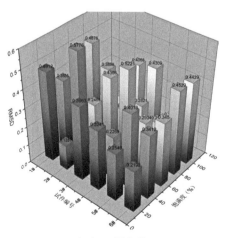　　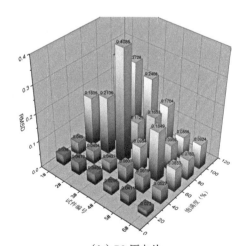

（a）P1 压电片　　　　　　　　　　（b）P2 压电片

图 6-42　SGT2 试件各压电片电导 *RMSD* 计算结果

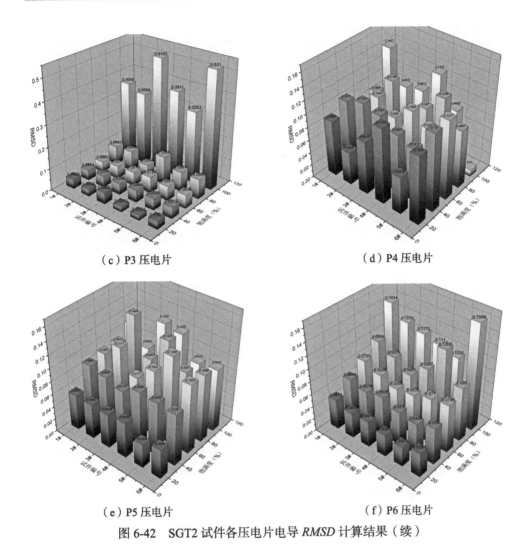

（c）P3 压电片 （d）P4 压电片

（e）P5 压电片 （f）P6 压电片

图 6-42 SGT2 试件各压电片电导 *RMSD* 计算结果（续）

为了更好找到 *RMSD* 统计指标随灌浆饱满度的变化情况，分别计算了不同灌浆饱满度下各组 6 个试件的 *RMSD* 平均值。图 6-43 为 *RMSD* 平均值与灌浆饱满度的关系曲线。从图中可以看出，试件上部 P3 和 P6 压电片测试结果均能清楚地显示 *RMSD* 平均值随灌浆饱满度增大而增大的趋势，同时由 P6 压电片测试结果计算得到的 *RMSD* 平均值随灌浆饱满度变化的趋势更为稳定。考虑在混凝土表面粘贴压电片更为方便，因此可将 P6 压电片布置位置作为工程中的测点布置位置。

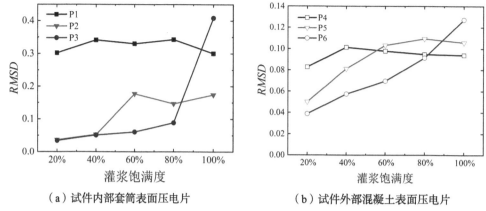

（a）试件内部套筒表面压电片　　　　　（b）试件外部混凝土表面压电片

图 6-43　不同灌浆工况下各压电片电导 RMSD 平均值与灌浆饱满度的关系曲线

6.4.3　工程中灌浆饱满度识别步骤

图 6-42 和图 6-43 显示 RMSD 指标能较好识别套筒灌浆饱满情况，但要对工程中不同构件中的套筒灌浆质量做出判断，还需要进一步给出具体评定方法。试验中可以提前确定每个套筒未灌浆前的初始电导信号，并将此信号作为计算不同灌浆饱满度下 RMSD 数值的基准信号。但工程中检测识别套筒灌浆饱满度时，套筒灌浆施工已经完成，此时很难通过与试验相同的方式确定计算 RMSD 数值的基准信号。考虑到工程中出现灌浆饱满度缺陷问题的应是少数套筒，因此可以将同类测点压电片电导信号的平均值作为基准信号，认为此基准信号近似等于灌浆饱满度为 100% 的信号，以此计算各测点电导信号与基准信号的均方根偏差 RMSD。在此基础上，提出工程中利用压电阻抗技术识别套筒灌浆饱满度的方法和步骤如下：

（1）测点分组与布置。根据构件的截面尺寸、套筒在构件截面上的分布、套筒外混凝土保护层厚度确定测点分类，构件截面尺寸相同、套筒在构件截面上相对位置一致、套筒外混凝土保护层厚度相等的测点可归为同一组。测点布置在套筒外侧混凝土表面，布置位置位于套筒出浆口下方，同组测点布置位置保持一致。

（2）压电片粘贴。用丙酮清洁测点布置处混凝土表面，使其无浮浆、污物或尘土等，画好测点网格线；用 502 胶水将压电片粘贴在网格中心；将压电片连接跳线连接在阻抗分析仪上，通过数据连接电缆连接阻抗分析仪与计算机。

（3）电导信号采集。选择合适的测试频段、测试电压和信号采集点数，采集各测点在所选频段上的电导纳信号，获取电导—频率曲线。

（4）统计数据处理。

① 将同类测点压电片电导信号的平均值为基准，计算各测点电导信号与平均电

导信号的均方根偏差 RMSD，计算公式为：

$$RMSD = \sqrt{\sum_{i=1}^{n}(y_i - \bar{x}_i)^2 / \sum_{i=1}^{n} x_i^2} \qquad (6\text{-}21)$$

式中，$\bar{x}_i$ 为同类测点第 i 次采点时电导信号的平均值，y_i 为编号为 y 的测点第 i 次采点时的电导信号值，n 为采集信号点数。

② 计算所有测点 RMSD 平均值，具体计算公式为：

$$RMSD_{平均} = \frac{1}{n}\sum_{i=1}^{n} RMSD_i \qquad (6\text{-}22)$$

③ 计算各测点 RMSD 值与所有测点 RMSD 平均值的相对值，具体计算公式为：

$$S_i = \frac{RMSD_i - RMSD_{平均}}{RMSD_{平均}} \qquad (6\text{-}23)$$

（5）饱满度等级评定。根据式（6-21）与式（6-22）、式（6-23）的计算结果判断灌浆饱满度等级，等级划分如表 6-9 所示。

套筒灌浆饱满度等级划分　　　　　　　　　表 6-9

等级划分	S_i
正常状态	< 0.3
轻度缺陷	0.3~0.5
严重缺陷	> 0.5

6.5 压电阻抗技术识别套筒灌浆饱满度的工程应用

由前述试验研究结果可知，压电阻抗技术能有效识别灌浆料流动状态和硬化后套筒灌浆饱满度。其中灌浆料流动状态下的识别试验结果可为工程中套筒灌浆施工过程的质量监测提供依据，灌浆料硬化后的识别试验结果可为工程中套筒灌浆完成后的质量检测提供依据。在套筒灌浆施工前，采集粘贴在套筒表面或套筒外侧混凝土表面压电片的电导信号，然后待灌浆施工完毕后，再次采集同一压电片的电导信号，对比灌浆前和灌浆后压电片电导信号的变化，可以实现套筒灌浆饱满度监测识别。施工完成后，采集粘贴在套筒外侧混凝土表面压电片的电导信号，按照式（6-21）～式（6-23）的计算方法和表 6-9 的标准完成套筒灌浆饱满度的检测识别和等级评定。

6.5.1 工程应用一：装配式混凝土框架结构

1. 工程概况

某中学高中部在建楼群，由 3 栋教学楼、1 栋行政楼和 3 栋宿舍楼组成，总建筑面积 10.7 万 m^2，应用压电阻抗技术对其中的 7# 宿舍楼套筒灌浆饱满度进行识别。该楼共 8 层，全装配混凝土框架结构，框架柱纵向受力钢筋采用全灌浆套筒连接，工程施工现场如图 6-44 所示，柱网平面布置如图 6-45 所示。

图 6-44 工程现场

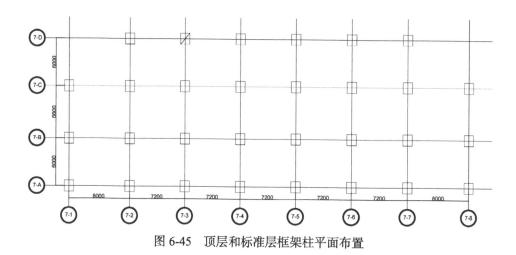

图 6-45 顶层和标准层框架柱平面布置

2. 测点布置

测试目标为 7# 宿舍楼标准层和顶层Ⓑ、Ⓒ轴线与③、④轴线相交的四根预制柱，柱所在轴线、截面尺寸、套筒布置见图 6-46，图中数字"22"表示插入套筒内的钢筋直径（单位：mm）。预制柱编号用两条相交的轴线代替，例如⑧、③轴线相交处的预制柱编号为(B-3)轴网柱。标准层及顶层选取的四根柱尺寸及内部套筒布置完全相同，其中标准层预制柱已经完成灌浆施工，顶层预制柱吊装完毕但套筒尚未灌浆。

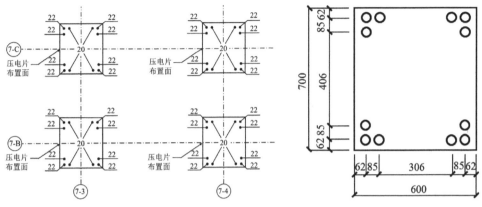

图 6-46 预制柱大样图

选取预制柱宽度为 700mm 侧面混凝土表面布置压电片，由试验结果可知在套筒上部布置压电片测试效果较好，因此在每个套筒中部和上部水平位置处外侧混凝土表面布置 2 个压电片，布置位置及编号如图 6-47 所示。

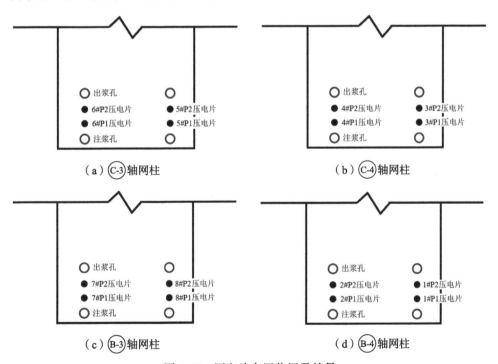

图 6-47 压电片布置位置及编号

确定压电片布置位置后，用记号笔在柱表面做好标记，用砂纸将粘贴位置处的混凝土表面磨平，接着用无水乙醇清理粘贴面，再用502胶将压电片粘贴好，最后用白纸外贴透明胶带将压电片与外界隔离，防止施工过程中出浆口溢出的浆料覆盖压电片影响测试效果。压电片粘贴过程如图6-48所示。

图6-48 压电片粘贴

3. 电导信号采集

信号采集考虑两种情况：一是在顶层预制柱灌浆施工前，采集各压电片的电导信号，作为未灌浆工况下的电导信号，然后待灌浆施工完毕后，再次采集各压电片的电导信号，作为灌浆工况下的电导信号，对比灌浆前和灌浆后压电片电导的变化，实现套筒灌浆饱满度监测识别研究。二是采集标准层已经完成灌浆施工的压电片电导信号，并计算各压电片电导信号的平均值，作为灌浆饱满的基准信号，计算顶层未灌浆工况下和标准层灌浆工况下各压电片电导的 $RMSD$ 值，根据这两种工况下 $RMSD$ 的变化实现套筒灌浆饱满度的检测识别。阻抗仪测试参数设置与试验保持一致，电路模式选择并联方式，测试电压设置1V，测试点数选择800个。考虑到实际工程环境相对复杂，测试频段选择45～85kHz和145～185kHz两个频段。图6-49为现场采样照片。

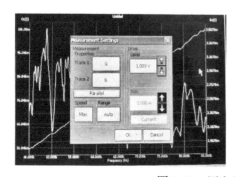

图6-49 压电片电导信号采集

4. 灌浆饱满度监测识别

图 6-50 和图 6-51 为 (B-4)轴预制柱 1#P1、1#P2、2#P1 和 2#P2 压电片电导检测识别结果。从图中可以发现：在 45～85kHz 频段上，电导信号波动较大；在 145～185kHz 频段上，电导信号曲线相对平稳光滑，显示高频率对环境振动和噪声的抗干扰性更强。在 145～185kHz 频段上，与灌浆前压电片电导信号曲线相比，灌浆后信号曲线明显向频率减小方向偏移，电导峰值也略有下降，这与灌浆料流动状态下的试验结论相吻合。

在 145～185kHz 频段上，以灌浆后压电片电导信号为标准，计算了各压电片电导频谱曲线均方根偏差的 *RMSD* 值如图 6-52 所示。从图中可以看出，无论是布置在套筒上部位置处的测点 P2 还是中部位置处的测点 P1，其 *RMSD* 值均能明显反映灌浆前后变化，其中测点 P2 位置压电片电导曲线计算得到的 *RMSD* 更为稳定，这与试验结果一致。

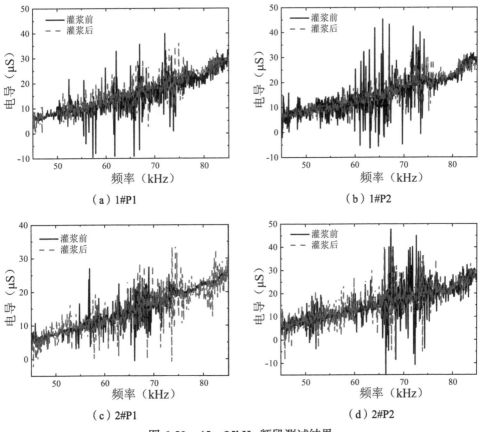

图 6-50　45～85kHz 频段测试结果

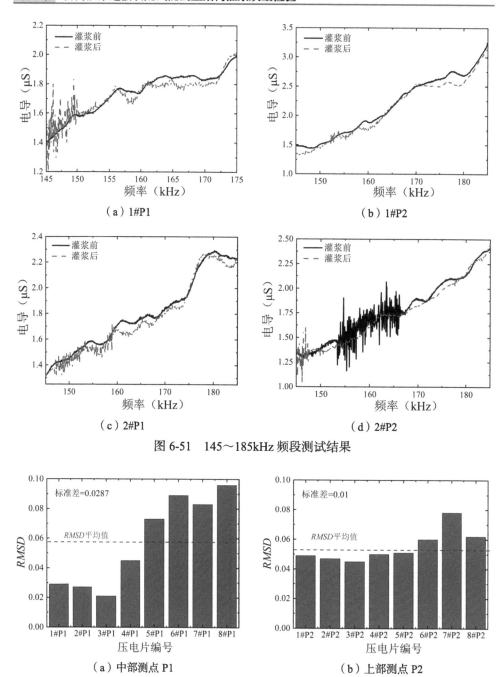

（a）1#P1

（b）1#P2

（c）2#P1

（d）2#P2

图 6-51 145～185kHz 频段测试结果

（a）中部测点 P1

（b）上部测点 P2

图 6-52 灌浆前后压电片电导信号 RMSD 计算结果

5. 灌浆饱满度检测识别

以标准层已经完成灌浆施工的 P2 位置处 8 个压电片在 145～185kHz 频段上采集的电导信号平均值为基准，式（6-21）、式（6-22）计算了顶层未灌浆和标准层灌浆情况下各压电片电导均方根偏差 *RMSD* 值及均值，计算结果见表 6-10。从表 6-10 计算结果来看，以标准层预制柱灌浆后各压电片电导信号的平均值作为基准信号，灌浆套筒与未灌浆套筒压电片电导均方根偏差 *RMSD* 值差异明显，灌浆套筒 *RMSD* 值总体小于 0.2，均值为 0.1516；未灌浆套筒 *RMSD* 值总体超过 0.3，均值为 0.3190。

上部测点 **P2** 各压电片电导信号的 *RMSD* 计算值　　　　　表 6-10

顶层灌浆前	编号	1#P2	2#P2	3#P2	4#P2	5#P2	6#P2	7#P2	8#P2
	RMSD	0.2230	0.3649	0.2040	0.3743	0.3447	0.3855	0.3468	0.3087
标准层灌浆后	编号	1#P2	2#P2	3#P2	4#P2	5#P2	6#P2	7#P2	8#P2
	RMSD	0.1636	0.0734	0.1474	0.1362	0.0887	0.2030	0.2366	0.1640

　　按照式（6-23）计算顶层及标准层各测点 *RMSD* 值与标准层所有测点 *RMSD* 平均值的相对值 S_i，同时按照表 6-9 灌浆饱满度等级划分原则对所测套筒灌浆饱满度等级进行评定，评定结果见表 6-11。从表 6-11 中可以看出，在顶层测试的 8 个套筒中，未灌浆前被评为轻度缺陷和严重缺陷的套筒数共 7 个，评定准确度为 87.5%。标准层测试的 8 个灌浆套筒中，有 7 个被评为正常状态，1 个被评为轻度缺陷，由于现场条件限制，未采取进一步的措施去证实。总体看来，利用压电阻抗技术及饱满度评定方法能较好解决套筒灌浆饱满度识别和判断问题。

各测点 S_i 计算结果及灌浆饱满度等级评定　　　　　表 6-11

顶层灌浆前	编号	1#P2	2#P2	3#P2	4#P2	5#P2	6#P2	7#P2	8#P2
	S_i	0.3202	0.5845	0.2569	0.5950	0.5602	0.6067	0.5629	0.5089
	等级	轻度	严重	正常	严重	严重	严重	严重	严重
标准层灌浆后	编号	1#P2	2#P2	3#P2	4#P2	5#P2	6#P2	7#P2	8#P2
	S_i	0.0733	−1.0654	−0.0285	−0.1131	−0.7091	0.2532	0.3592	0.0756
	等级	正常	正常	正常	正常	正常	正常	轻度	正常

6.5.2 工程应用二：装配式混凝土剪力墙结构

1. 工程概况

　　该工程由 14 幢高层住宅组成，其中 4#、7#、8# 和 10# 楼为 17 层预制装配式剪力墙结构，墙体纵向受力钢筋采用半灌浆套筒连接。测试对象为其中的 8# 楼。工程现场如图 6-53 所示，顶层和标准层平面布置如图 6-54 所示。

图 6-53 工程现场

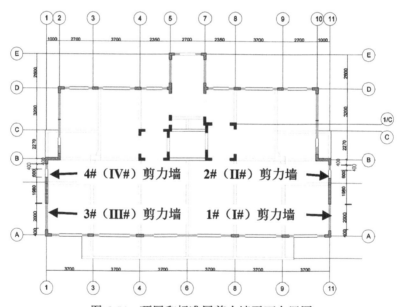

图 6-54 顶层和标准层剪力墙平面布置图

2. 测点布置

测试墙体为如图 6-54 所示的顶层和标准层①、⑪轴线的 4 片墙体，编号分别为 1#、2#、3#、4#墙和Ⅰ#、Ⅱ#、Ⅲ#和Ⅳ#墙。其中 1#（Ⅰ#）和 3#（Ⅲ#）墙体尺寸、钢筋型号、内部套筒型号及布置相同，2#（Ⅱ#）和 4#（Ⅳ#）墙体尺寸、钢筋布置、内部套筒型号及布置相同，墙体配筋及套筒预埋情况见图 6-55 和图 6-56。测试时，标准层剪力墙套筒已经完成灌浆施工，顶层剪力墙吊装完毕但套筒尚未灌浆。

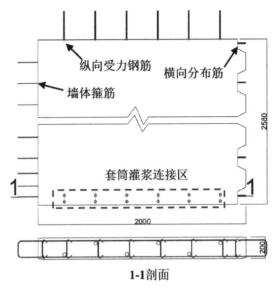

1-1剖面

图 6-55　1#（Ⅰ#）和 3#（Ⅲ#）墙体基本信息

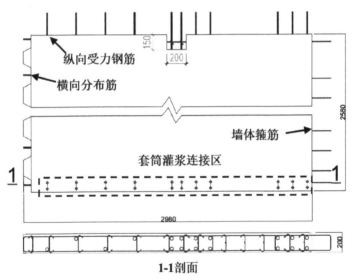

1-1剖面

图 6-56　2#（Ⅱ#）和 4#（Ⅳ#）墙体基本信息

在选取的剪力墙顶层和标准层各布置 10 个压电片，具体为顶层 1# 和 3# 墙体布置 3 个，2# 和 4# 墙体布置 2 个，编号分别为 1#P1、1#P2、1#P3、3#P1、3#P2、3#P3、2#P1、2#P2、4#P1 和 4#P2。标准层压电片布置位置与顶层相同，编号分别为Ⅰ#P1、Ⅰ#P2、Ⅰ#P3、Ⅲ#P1、Ⅲ#P2、Ⅲ#P3、Ⅱ#P1、Ⅱ#P2、Ⅳ#P1 和Ⅳ#P2。由于剪力墙采用半灌浆套筒连接，灌浆口离出浆口距离较近，因此只在套筒灌浆连接区域中部布置压电片，测点布置见图 6-57。

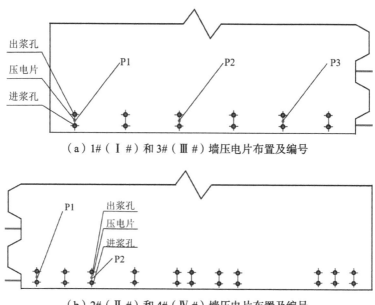

（a）1#（Ⅰ#）和3#（Ⅲ#）墙压电片布置及编号

（b）2#（Ⅱ#）和4#（Ⅳ#）墙压电片布置及编号

图6-57 压电片布置位置及编号

3. 电导信号采集

从施工过程监测和事后质量检测两方面进行信号采集：一方面，在顶层剪力墙灌浆施工前，采集各压电片的电导信号，作为未灌浆工况下的电导信号，然后待灌浆施工完毕后，再次采集各压电片的电导信号，作为灌浆工况下的电导信号，对比灌浆前和灌浆后压电片电导的变化，实现套筒灌浆饱满度监测识别研究。另一方面，采集标准层已经完成灌浆施工的压电片电导信号，并计算各压电片电导信号的平均值，作为灌浆饱满的基准信号，计算顶层未灌浆工况下和标准层灌浆工况下各压电片电导的 $RMSD$ 值，根据这两种工况下 $RMSD$ 的变化实现套筒灌浆饱满度的检测识别。图6-58 为现场采样。

图6-58 压电片电导信号采集

4. 灌浆饱满度监测识别

图6-59为1#P1、1#P2、1#P3、2#P1和2#P2压电片灌浆之前和灌浆之后电导频谱曲线测试结果。从图中可以明显看到套筒灌浆前后电导信号的差异：与灌浆前压电片的电导频谱曲线相比，灌浆后平铺曲线明显向下发生移动，波峰处谐振频率向频率减小方向偏移。

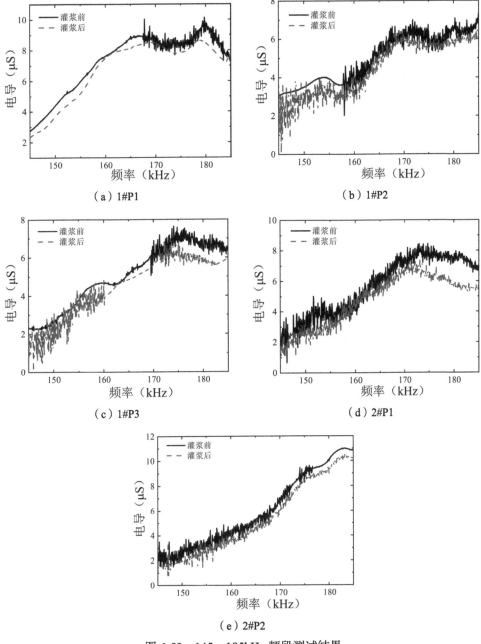

（a）1#P1　　　　　　　　　　（b）1#P2

（c）1#P3　　　　　　　　　　（d）2#P1

（e）2#P2

图 6-59　145～185kHz 频段测试结果

5. 灌浆饱满度检测识别

以标准层已经完成灌浆施工的 10 个测点压电片的电导信号平均值为基准，根据式（6-21）、式（6-22）计算顶层未灌浆和标准层灌浆情况下各压电片电导均方根偏差 RMSD 值及均值，计算结果见表 6-12。从表 6-12 计算结果来看，以标准层预制剪力墙灌浆后各压电片电导信号的平均值作为基准信号，灌浆套筒与未灌浆套筒压电片电导均方根偏差 RMSD 值差异明显，灌浆前的均值为 0.503，而灌浆后的均值为 0.265。

顶层和标准层测点各压电片电导信号 RMSD 值　　　　表 6-12

顶层灌浆前	编号	1#P1	1#P2	1#P3	2#P1	2#P2	3#P1	3#P2	3#P3	4#P1	4#P2	均值
	RMSD	0.924	0.324	0.367	0.536	0.707	0.366	0.418	0.485	0.505	0.402	0.503
标准层灌浆后	编号	Ⅰ#P1	Ⅰ#P2	Ⅰ#P3	Ⅱ#P1	Ⅱ#P2	Ⅲ#P1	Ⅲ#P2	Ⅲ#P3	Ⅳ#P1	Ⅳ#P2	均值
	RMSD	0.282	0.109	0.523	0.339	0.438	0.192	0.196	0.092	0.250	0.232	0.265

按照式（6-23）计算顶层及标准层各测点 RMSD 值与标准层所有测点 RMSD 平均值的相对值 S_i，同时按照表 6-9 灌浆饱满度等级划分原则对所测套筒灌浆饱满度等级进行评定，评定结果见表 6-13。从表 6-13 中可以看出，在顶层测试的 10 个套筒中，未灌浆前被评为轻度缺陷和严重缺陷的套筒数共 9 个，评定准确度为 90%。标准层测试的 10 个灌浆套筒中，有 8 个被评为正常状态，2 个被评为严重缺陷。

各测点 S_i 计算结果及灌浆饱满度等级评定　　　　表 6-13

顶层灌浆前	编号	1#P1	1#P2	1#P3	2#P1	2#P2	3#P1	3#P2	3#P3	4#P1	4#P2
	S_i	2.487	0.223	0.385	1.023	1.668	0.381	0.577	0.830	0.906	0.517
	等级	严重	正常	轻度	严重	严重	轻度	严重	严重	严重	严重
标准层灌浆后	编号	1#P1	1#P2	1#P3	2#P1	2#P2	3#P1	3#P2	3#P3	4#P1	4#P2
	S_i	0.068	−0.589	0.936	0.279	0.653	−0.275	−0.260	−0.653	−0.057	−0.125
	等级	正常	正常	严重	正常	严重	正常	正常	正常	正常	正常

6.6　本章小结

本章介绍了取样法检测套筒灌浆连接灌浆料实体强度检测方法和基于压电阻抗法的套筒灌浆饱满度识别技术，进行灌浆料小直径圆柱体抗压强度试验和基于压电阻抗技术的套筒灌浆饱满度识别试验，得出如下主要结论：

（1）在同条件下，小直径圆柱体的抗压强度试验值较标准试件的强度值低。利用 χ^2 分布族的拟合检验对小直径圆柱体试件抗压强度进行假设检验，结果表明小直径圆柱体试件抗压强度值服从正态分布。

（2）提出了小直径芯样强度与标准试件强度换算关系计算式，用于套筒灌浆连接灌浆料实体强度检测。试验结果表明，当样本容量大于 15 时，小直径圆柱体试件抗压强度的均值、标准差和变异系数均趋于稳定，建议同批次小直径芯样的取样数量为15 个。

（3）由布置在套筒表面和套筒外侧混凝土表面的压电片，可以获得电导信号频谱曲线随套筒灌浆饱满度变化而相应改变的情况，同时压电片布置位置对电导信号频谱曲线有重要影响，布置在套筒上部位置处的压电片测得的电导信号稳定可靠，可以通过该位置处电导信号频谱曲线波峰处谐振频率变化和均方根偏差指标 *RMSD* 的变化有效识别套筒内部灌浆情况。

（4）基于试验结果和工程实际情况，提出了基于压电阻抗效应的套筒灌浆饱满度识别和等级评定方法，利用该方法对装配式混凝土框架和剪力墙结构中套筒灌浆饱满度进行了识别应用，获得了良好效果。

参 考 文 献

［1］ 郭学明. 装配式建筑概论［M］. 北京：机械工业出版社，2018.

［2］ 汪杰，李宁，江韩. 装配式混凝土建筑设计与应用［M］. 南京：东南大学出版社，2018.

［3］ 郭学明. 装配式混凝土结构建筑的设计、制作与施工［M］. 北京：机械工业出版社，2017.

［4］ 卢求. 德国装配式建筑发展研究［J］. 住宅产业，2016（6）：26-35.

［5］ 叶浩文，周冲，黄轶群. 欧洲装配式建筑发展经验与启示［J］. 建设科技，2017（19）：51-56.

［6］ 张辛，刘国维，张庆阳. 法国：预制混凝土结构装配式建筑［J］. 建筑，2018（15）：56-57.

［7］ 王洁凝. 西班牙装配式建筑发展研究［J］. 住宅产业，2016（6）：41-44.

［8］ 虞向科. 英国装配式建筑发展研究［J］. 住宅产业，2016（6）：36-40.

［9］ Kim Seeber，宗德林，楚先锋，等. 美国装配式建筑发展状况［J］. 住宅产业，2017（5）：26-27.

［10］ 杨迪钢. 日本装配式住宅产业发展的经验与启示［J］. 新建筑，2017（2）：32-36.

［11］ 肖明. 日本装配式建筑发展状况［J］. 住宅产业，2017（5）：10-11.

［12］ 秦珩，钱冠龙. 钢筋套筒灌浆连接施工质量控制措施［J］. 施工技术，2013，42（14）：113-117.

［13］ 高润东，李向民，许清风. 装配整体式混凝土建筑套筒灌浆存在问题与解决策略［J］. 施工技术，2018，47（10）：1-4，10.

［14］ 高润东，李向民，王卓琳，等. 基于预埋钢丝拉拔法的套筒灌浆饱满度检测技术研究［J］. 施工技术，2017，46（17）：1-5.

［15］ 聂东来，贾连光，杜明坎，等. 超声波对钢筋套筒灌浆料密实性检测试验研究［J］. 混凝土，2014（9）：120-123.

［16］ 刘辉，李向民，许清风. 冲击回波法在套筒灌浆密实度检测中的试验［J］. 无损检测，2017，39（4）：12-16.

［17］ 郑周练，肖杨，李栋，等. 基于 CT 技术的套筒灌浆连接件检测方法研究［J］. 施工技术，2018，47（4）：69-74.

［18］ 高润东，李向民，张富文，等. 基于 X 射线工业 CT 技术的套筒灌浆密实度检测试验［J］. 无损检测，2017，39（4）：6-11，37.

［19］ 张富文，李向民，高润东，等. 便携式 X 射线技术检测套筒灌浆密实度研究［J］. 施工技术，2017，46（17）：6-9，61.

240

［20］ 崔士起，刘文政，石磊，等. 装配式混凝土结构套筒灌浆饱满度检测试验研究［J］. 建筑结构，2018，48（2）：40-47.

［21］ 李俊华，何思聪，陈文龙，等. 基于压电阻抗效应的套筒灌浆饱满度识别与应用［J］. 土木工程学报，2020，53（5）：65-77.

［22］ Zhao X L, Ghojel J, Grundy P, et al. Behaviour of grouted sleeve connections at elevated temperatures [J]. Thin-Walled Structures, 2006, 44(7): 751-758.

［23］ Zhang W, Lv W, Zhang J, et al. Post-fire tensile properties of half-grouted sleeve connection under different cooling paths [J]. Fire Safety Journal, 2019, 109.

［24］ 肖建庄，刘良林，丁陶，等. 高温后套筒灌浆连接受力性能试验研究［J］. 建筑结构学报，2020，41（11）：99-107.

［25］ Weichen Wang, Junhua Li, Pingjun Chen, et al. Comparison of tensile mechanical properties of half grouted sleeve connection at elevated and post-elevated temperature: an experimental Study [J]. Construction and Building Materials, 433 (2024): 136723.

［26］ Junhua Li, Weichen Wang, Pingjun Chen, et al. Post-fire seismic performance of precast concrete columns with grouted sleeve connections: an experimental study [J]. Structures, 66(2024): 106816.

［27］ 陈佳威，李俊华，张振文，等. 火灾后钢筋套筒灌浆连接混凝土柱抗震性能研究［J］. 宁波大学学报（理工版），2022，34（4）：46-57.

［28］ 郑家豪，李俊华，陈佳威，等. 受火后套筒灌浆连接装配式混凝土剪力墙抗震性能试验研究［J］. 建筑结构学报，2024，45（2）：63-73.

［29］ 夏春蕾，杨思忠，李世元. 装配式建筑套筒灌浆料研究进展［J］. 市政技术，2018，36（3）：198-201.

［30］ 洪斌. 装配式建筑用套筒灌浆料的制备及应用研究［D］. 南京：东南大学，2017.

［31］ 李家康. 高强混凝土立方抗压强度的尺寸效应［J］. 建筑材料学报，2004（1）：81-84.

［32］ 贾福萍，吕恒林，崔艳莉，等. 不同冷却方式对高温后混凝土性能退化研究［J］. 中国矿业大学学报，2009，38（1）：25-29.

［33］ 王孔藩，许清风，刘挺林. 高温下及高温冷却后混凝土力学性能的试验研究［J］. 施工技术，2005（8）：1-3.

［34］ 阎继红. 高温作用下混凝土材料性能试验研究及框架结构性能分析［D］. 天津：天津大学，2000.

［35］ 熊杨，李俊华，孙彬，等. 装配式建筑套筒灌浆料强度及影响因素［J］. 建筑材料学报，2019，22（2）：272-277.

［36］ Hayashi Y, Nakatsuka T, Miwake I, et al. Mechanical Performance of Grout-Filled Coupling Steel Sleeves under Cyclic Loads [J]. Journal of Structural and Construction Engineering, Architectural Institute of Japan, 1997(496): 91-98.

［37］ Einea A, Yamane T, Tadros M K. Grout-filled Pipe Splices for Precast Concrete Construction [J]. Precastprestressed Concrete, 1995, 40(1): 82-93.

［38］ Seo S Y, Nam B R, Kim S K. Tensile Strength of the Grout-filled Head-splice-sleeve [J].

Construction & Building Materials, 2016, 124: 155-166.

［39］ Committee A. Building Code Requirements for Structural Concrete (ACI318-11) and Commentary [M]. American Concrete Institute, 2011.

［40］ 匡志平，郑冠雨，焦雪涛. 灌浆不足对钢筋套筒连接力学性能影响试验［J］. 同济大学学报（自然科学版），2019，47（7）：934-945.

［41］ 孙彬，毛诗洋，欧阳志鹏，等. 灌浆饱满度对半灌浆套筒钢筋连接性能影响的试验研究［J］. 建筑结构，2020，50（9）：1-6.

［42］ 李向民，高润东，许清风，等. 灌浆缺陷对钢筋套筒灌浆连接接头强度影响的试验研究［J］. 建筑结构，2018，48（7）：52-56.

［43］ Zheng Y, Guo Z, Liu J, et al. Performance and confining mechanism of grouted deformed pipe splice under tensile load [J]. Advances in Structural Engineering, 2016, 19(1): 86-103.

［44］ Ling J H, Abd Rahman A B, Mirasa A, et al. Performance of CS-sleeve under direct tensile load: part Ⅰ: failure modes [J]. Malaysian Journal of Civil Engineering, 2008, 20(1): 89-106.

［45］ 徐有邻. 变形钢筋 - 混凝土粘结锚固性能的试验研究［D］. 北京：清华大学，1990.

［46］ Huang Y, Zhu Z, Naito C J, et al. Tensile behavior of half grouted sleeve connections: Experimental study and analytical modeling [J]. Construction and Building Materials, 2017, 152: 96-104.

［47］ Zhang W X, Deng X, Zhang J, et al. Tensile behavior of half grouted sleeve connection at elevated temperatures [J]. Construction and Building Materials, 2018, 176: 259-270.

［48］ Zhu J, Ma J, Guo D, et al. Study on tensile properties of semi grouted sleeve connectors post elevated temperature [J]. Construction and Building Materials, 2021, 302(3): 124088.

［49］ Zhang W, Deng J, He C, et al. Experiment and analysis on mechanical properties of fully-grouted sleeve connection at elevated temperatures [J]. Construction and Building Materials, 2020, 244, 118314.

［50］ 吴波，梁悦欢. 高温下混凝土和钢筋强度的统计分析［J］. 自然灾害学报，2010，19（1）：136-142.

［51］ Ling J H, Abd Rahman A B, Ibrahim I S, Hamid Z A. Behaviour of grouted pipe splice under incremental tensile load [J]. Construction and Building Materials, 2012, 33: 90-98.

［52］ Fei Guo, Jun-Hua Li, Si-Cong He, Chun-Heng Zhou. Experimental Study on the Effect of Grouting Defects on Mechanical Properties of the Rebar Connected by Full-Grouted Sleeves [J]. Advances in Civil Engineering, 2022.

［53］ Demir U, Green M F, Ilki A. Postfire seismic performance of reinforced precast concrete columns [J]. PCI Journal, 2020, 65(6).

［54］ Liu L, Xiao J. Simulation on seismic performance of the post-fire precast concrete column with grouted sleeve connections [J]. Structural Concrete, 2023.

［55］ BIKHIET M M, EL-SHAFEY N F, EL-HASHIMY H M. Behavior of reinforced concrete short columns exposed to fire [J]. AEJ-Alexandria Engineering Journal, 2014, 53(3): 643-653.

［56］ Lin, Chien-Hung, Chen, et al. Residual strength of reinforced concrete columns exposed to fire

[J]. Journal of the Chinese Institute of Engineers, 1989, 12(5): 557-566.

[57] 苏南，林铜柱，T.T.LIE. 钢筋混凝土柱的抗火性能［J］. 土木工程学报，1992（6）：25-36.

[58] 唐跃锋，刘明哲，于长海，等. 火灾后钢筋混凝土柱剩余承载力研究［J］. 宁波大学学报（理工版），2013，24（4）：112-115.

[59] 吴波，马忠诚，欧进萍. 火灾后钢筋混凝土压弯构件的抗震性能研究［J］. 地震工程与工程振动，1994（4）：24-34.

[60] 吴波，马忠诚，欧进萍. 高温后钢筋混凝土柱抗震性能的试验研究［J］. 土木工程学报，1999（2）：53-58.

[61] 马忠诚，吴波，欧进萍. 四面受火后钢筋混凝土柱抗震性能研究［J］. 计算力学学报，1997，14（4）：443-445.

[62] 张家广，霍静思，肖岩. 火灾全过程后钢筋混凝土柱滞回性能试验研究// 第18届全国结构工程学术会议［C］. 北京：工程力学杂志社，2009.

[63] 徐玉野，杨清文，吴波，等. 高温后钢筋混凝土短柱抗震性能试验研究［J］. 建筑结构学报，2013，34（8）：12-19.

[64] 徐玉野，陈雅熙，鄢豹，等. 不同受火方式后混凝土短柱的抗震性能［J］. 振动与冲击，2020，39（18）：11-19.

[65] 过镇海，时旭东. 钢筋混凝土原理和分析［M］. 北京：清华大学出版社，2003.

[66] Park R. State of the art report ductility evaluation from laboratory and analytical testing [C]. Proceedings of Ninth World Conference on Earthquake Engineering, Tokyo, Kyoto, Japan, 1988: 605-616.

[67] Huang M S, Liu Y H, Sheng D C. Simulation of yielding and stress-stain behavior of Shanghai soft clay [J]. Computers and Geotechnics, 2011, 38(3): 341-353.

[68] 冯鹏，强翰霖，叶列平. 材料、构件、结构的"屈服点"定义与讨论［J］. 工程力学，2017，34（3）：36-46.

[69] 李俊华. 火灾高温及高温后型钢混凝土结构性能［M］. 北京：中国建筑工业出版社，2019.

[70] Lie T T, Denham E. Factors affecting the fire resistance of circular hollow steel columns filled with bar-reinforced concrete [S]. American: NRC-CNRC Internal Report, 1993.

[71] Lie T T, Irwin R J. Fire resistance of rectangular steel columns filled with bar reinforced concrete [J]. Journal of Structural Engineering, 1995, 121(5): 505-791.

[72] 李丹. 轴向约束混凝土短柱火灾后抗震性能的试验研究［D］. 厦门：华侨大学，2013.

[73] 王元武. 不同受火方式后钢筋混凝土柱抗震性能的试验研究［D］. 厦门：华侨大学，2017.

[74] Lubliner J, Oliver J, Oller S, et al. A plastic-damage model for concrete [J]. International Journal of Solids and Structures, 1989, 25(3): 299-326.

[75] 混凝土结构设计标准：GB/T 50010—2010［S］. 北京：中国建筑工业出版社，2011.

[76] 丁发兴，余志武. 混凝土受拉力学性能统一计算方法［J］. 华中科技大学学报（城市科

学版），2004（3）：29-34.

［77］ 余志武，丁发兴. 混凝土受压力学性能统一计算方法［J］. 建筑结构学报，2003（4）：41-46.

［78］ 朱伯龙，陆洲导，胡克旭. 高温（火灾）下混凝土与钢筋的本构关系［J］. 四川建筑科学研究，1990（1）：37-43.

［79］ 王烁勋. 钢筋全灌浆套筒连接构件高温后性能试验研究［D］. 沈阳：沈阳建筑大学，2018.

［80］ Zhang W X, Deng J J, He C, et al. Experiment and Analysis on Mechanical Properties of Full-Grouted Sleeve Connection at Elevated Temperatures [J]. Construction and Building Materials, 2020, 244: 118314.

［81］ Zheng G Y, Kuang Z P, Xiao J Z, et al. Mechanical Performance for Defective and Repaired Grouted Sleeve Connections under Uniaxial and Cyclic Loadings [J]. Construction and Building Materials, 2020, 233: 117233.

［82］ Gao Q, Zhao W. Experimental study on factors influencing the connection performance of grouted welded sleeves under uniaxial tensile loads [J]. Journal of Building Engineering, 2021, 43: 103033.

［83］ 朱玲玲. 热力耦合作用下钢筋半灌浆套筒连接粘结性能试验研究［D］. 青岛：青岛理工大学，2021.

［84］ 方自虎，甄翌，李向鹏. 钢筋混凝土结构的钢筋滞回模型［J］. 武汉大学学报（工学版），2018，51（7）：613-619.

［85］ 吴昊. 高温后钢筋混凝土黏结性能试验研究［D］. 青岛：青岛理工大学，2009.

［86］ 舒斌，毛小勇. 高温后钢筋套筒灌浆连接抗拉性能研究［J］. 苏州科技大学学报（工程技术版），2021，34（1）：9-14，80.

［87］ 余琼，孙佳秋，袁炜航. 带肋钢筋与套筒约束灌浆料黏结性能试验［J］. 哈尔滨工业大学学报，2018，50（12）：98-106.

［88］ 杨海峰，杨焱茜，王玉梅，等. 高温后不同冷却方式下的混凝土钢筋粘结性能［J］. 土木与环境工程学报（中英文），2021，43（5）：94-100.

［89］ Rosa I C, Firmo J P, Correia J R, et al. Influence of elevated temperatures on the bond behaviour of ribbed GFRP bars in concrete [J]. Cement and Concrete Composites, 2021, 122: 104119.

［90］ Han W L, Zhao Z Z, Qian J R, et al. Seismic behavior of precast columns with large-spacing and high-strength longitudinal rebars spliced by epoxy mortar-filled threaded couplers [J]. Engineering Structures, 2018, 176: 349-360.

［91］ Liu H T, Chen J N, XU C S, et al. Seismic performance of precast column connected with grouted sleeve connectors [J]. Journal of Building Engineering, 2020, 31: 578-579.

［92］ Jin L, Li X, Zhang R, et al. Meso-scale modelling the post-fire seismic behavior of RC short columns. Engineering Failure Analysis, 2021, 120, 105117.

［93］ Wang Y, Xu T, Liu Z, el al. Seismic behavior of steel reinforced concrete cross-shaped columns after exposure to high temperatures[J]. Engineering Structures, 2021, 230, 111723.

［94］ 常乐. 装配式建筑发展制约因素及对策分析［J］. 智能建筑与智慧城市，2023（2）：130-132.

［95］ Precast Prestressed Concrete Institute. New Precastprestressed System Saves Money in Hawaii hotel [J]. PCI Journal, 1973, 18(3):10-13.

［96］ 李振东，黄鑫，孟丹，等. 新型套筒灌浆连接技术研究进展［J］. 山西建筑，2021，47（21）：92-95.

［97］ 刘良林，肖建庄. 钢筋套筒灌浆连接研究进展［J］. 建筑结构学报，2023，44（1）：235-247.

［98］ 王娟. 建筑结构设计中剪力墙结构设计的应用［J］. 大众标准化，2022（12）：46-48.

［99］ 刘明. 受火后高强混凝土剪力墙抗震性能的试验研究［D］. 厦门：华侨大学，2018.

［100］ Wu Min, Liu Xiang, Liu Hongtao, et al. Seismic performance of precast short-leg shear wall using a grouting sleeve connection [J]. Engineering Structures, 2020, 208:110338.

［101］ 陆洲导，俞可权，苏磊，等. 高温后混凝土断裂性能研究［J］. 建筑材料学报，2012，15（6）：836-840，846.

［102］ 崔士起，刘文政，石磊，等. 装配式混凝土结构套筒灌浆饱满度检测试验研究［J］. 建筑结构，2018，48（2）：40-47.

［103］ 李向民，高润东，许清风，等. 基于 X 射线数字成像的预制剪力墙套筒灌浆连接质量检测技术研究［J］. 建筑结构，2018，48（7）：57-61.

［104］ 姜绍飞，蔡婉霞. 灌浆套筒密实度的超声波检测方法［J］. 振动与冲击，2018，37（10）：43-49.

［105］ 郭辉，代伟明，刘英利，等. 电阻法监测钢筋套灌浆饱满度试验研究［J］. 施工技术，2018，47（22）：37-39.

［106］ 陈文龙，李俊华，严蔚，等. 基于压电阻抗效应的套筒灌浆密实度识别试验研究［J］. 建筑结构，2018，48（23）：11-16.

［107］ 毛诗洋，孙彬，张仁瑜，等. 小直径芯样法检验套筒灌浆料实体强度的试验研究［J］. 建筑结构，2018，48（23）：1-6.

［108］ 何思聪，李俊华，熊杨，等. 装配式建筑套筒灌浆料实体强度检验试验研究［J］. 建筑结构，2020，50（9）：7-10.

［109］ 赵先文. 压电阻抗技术在钢筋混凝土梁中的应用研究［D］. 合肥：安徽理工大学，2014.

［110］ 余璟. 基于 PZT 阻抗技术的结构损伤识别研究［D］. 武汉：华中科技大学，2011.

［111］ 王丹生. 基于反共振频率和压电阻抗的结构损伤检测［D］. 武汉：华中科技大学，2006.

［112］ Liang C, Sun F P, Rogers C A. An Impedance Method for Dynamic Analysis of Active Material Systems [J]. IEEE Transactions of the ASME, 1994, 116: 120-128.

［113］ 孙慷，张福学. 压电学［M］. 北京：国防工业出版社，1984.

［114］ Xu Y G, Liu G R. A modified electro-mechanical impedance model of piezoelectric actuatorsensors for debonding detection of composite patches[J]. Journal of Intelligent Material Systems and Structures, 2002, 21(13): 389-396.

［115］ Zhou S, Liang C, Rogers C A. Integration and design of piezoceramic elements in intelligent structures [J]. Journal of Intelligent Material Systems and Structures, 1995, 6(6): 733-742.

［116］ 李继承, 林莉, 孟丽娟, 等. 激励电压对压电阻抗法检测灵敏度的影响 ［J］. 振动测试与诊断, 2013, 33（3）: 421-425.

［117］ 蔡金标, 吴涛, 陈勇. 基于压电阻抗技术监测混凝土强度发展的实验研究 ［J］. 振动与冲击, 2013, 32（2）: 124-128.

［118］ Shin S W, Qureshi A R, Yun J Y, et al. Piezoelectric sensor based nondestructive active monitoring of strength gain in concrete [J]. Smart Material and Structures, 2008, 5 (17): 1-8.

［119］ 孙彬, 毛诗洋, 张晋峰, 等. 钢筋套筒连接用灌浆料抗压强度影响因素试验研究 ［J］. 工程质量, 2017, 35（6）: 25-28.